机械类国家级实验教学示范中心系列规划教材

电子控制基础实验教程

霍　凯　白晓旭　主编

科　学　出　版　社
北　京

内 容 简 介

《电子控制基础实验教程》作为机械类国家级实验教学示范中心系列规划教材之一，用于指导"微机原理与接口技术"及"自动控制原理"等课程的实践性环节，包括了两门课程所涉及的实验项目和实践内容，同时介绍了与实验相关的电子元器件和基本电路，为学生识别器件和分析电路提供参考。

本书分 6 章，涉及电子控制元器件、电子控制基础电路、自动控制原理实验、微机原理与接口技术实验和实践，重点介绍实验原理和实践要求。

本书可作为高等学校机电大类专业基础平台实践类教材，也可作为机电类高职和中职学校师生及从事控制工程、机电一体化等相关专业的工程技术人员的参考书。

图书在版编目 (CIP) 数据

电子控制基础实验教程/霍凯，白晓旭主编. —北京：科学出版社，2016.1
机械类国家级实验教学示范中心系列规划教材
ISBN 978-7-03-047040-9

Ⅰ. ①电… Ⅱ. ①霍… ②白… Ⅲ. ①电子控制—实验—教材
Ⅳ. ①TM1-33

中国版本图书馆 CIP 数据核字(2016)第 010825 号

责任编辑：毛 莹 张丽花 / 责任校对：胡小洁
责任印制：徐晓晨 / 封面设计：迷底书装

科 学 出 版 社 出版
北京东黄城根北街 16 号
邮政编码：100717
http://www.sciencep.com

北京建宏印刷有限公司 印刷

科学出版社发行 各地新华书店经销
*
2016 年 1 月第 一 版　开本：787×1092　1/16
2017 年 1 月第二次印刷　印张：10 1/4
字数：243 000
定价：**32.00 元**
(如有印装质量问题，我社负责调换)

前　言

本书主要介绍电子控制中所涉及的元器件、基础电路、实验项目和综合实践等，涵盖"微机原理与接口技术"和"自动控制原理"及其相关先修课程"电路基础"、"模拟与数字电子技术"、"测控电路设计"等多门课程的实验知识。

全书共分为 6 章。第 1 章介绍电子控制基础实验教学体系建立的目的与意义、教学方法和要求，以及教学框架结构。第 2 章介绍电子控制基础实验中所用到的元器件，包括电阻、电容、电感、晶体管、放大器、光电元件和插接件等。从元器件的分类、标识、基本特性及电路符号、应用方法等方面进行了详细的介绍，使学生能够快速辨识出元器件的相关参数，并能灵活地运用到实验设计中。第 3 章介绍电子控制基础实验用到的基础电路，主要包括基本运算电路、滤波器、信号发生电路、逻辑电路和集成稳压电路等。针对每个电路，都有对应的电路原理图及详细的电路分析，使学生能够跟随分析过程写出电路输出方程。在一些电路中还配有幅频特性图及输出信号图，能够让学生更直观地看到电路的运行结果。第 4 章介绍"自动控制原理"的相关实验，包括典型环节的模拟研究、典型系统的瞬态响应和稳定性及非线性系统设计等基础实验，还包括水箱水位控制系统、直流电机速度控制系统和温度控制系统等综合应用实验。第 5 章介绍"微机原理与接口技术"的基础实验，包括基本指令操作、外部中断处理、定时器和计数器应用、外部存储器扩展及 A/D 和 D/A 转换等基本实验，还包括按键及 LED 显示、LCD 与点阵屏显示、单总线数字式温度传感器 DS18B20 应用和步进电机控制等综合应用实验。第 6 章介绍"微机原理与接口技术"的实践实验，包括交通信号灯模拟控制系统、教室人数统计系统、电梯模拟控制系统、数字温度传感器测温显示系统和采用实时时钟芯片打铃系统等综合实践项目。学生在实验中需要自行选取元器件，设计并完成电路的硬件搭建及软件程序编写调试，属于从理论到实践的综合实践实验。

本书由霍凯和白晓旭主编，参加编写的有赵嘉蔚和郭玉明。霍凯编写第 1～3 章，白晓旭编写第 4 章，霍凯和郭玉明编写第 5 章，赵嘉蔚编写第 6 章。

由于水平有限，时间仓促，若有疏漏之处，恳请读者批评指正。

编　者
2015 年 10 月于北京

目　　录

第1章 绪 论

随着技术的发展，社会对高等学校人才的要求已不再是单一的知识结构和单一的技能，不仅要有坚实的理论基础，而且要有工程技术开发能力、发明创造能力和解决生产科研中各种实际问题的能力，实验教学正是培养创新人才过程中至关重要的环节。

1.1 电子控制基础实验教学体系建立的目的与意义

实践教学和理论教学是高等院校教学体系中两个相辅相成的部分，两者紧密联系，相互促进，没有主次之分。从人才培养目标来看，要求学生系统地掌握本学科专业基础理论与基本知识；具有较强的专业基本技能、初步的实际工作能力和科学研究能力；具备较好的专业素养和较强的创新精神。一方面对学生掌握基本理论和基本知识提出要求，强调基础。另一方面对学生实际工作能力和科学研究能力提出要求，体现技能。

1.1.1 教学体系建立的目的

机电大类专业的电子控制课程主要有"微机原理与接口技术"、"自动控制原理"、"模拟电子技术"、"数字电子技术"等，其实验、综合实践等教学环节按学科类别分属于不同的课程，课程相互独立，导致实践教学独立实施，实验与综合实践缺乏全盘优化，学生综合素质和知识的应用能力较差，工程素质和能力更为欠缺。为此尝试建立实验与综合实践统筹全盘优化的电子控制基础实验教学体系，包括基础实验、综合应用及课程实践三个层次；打破各课程界限，按模块组织教学内容，按实验层次实施教学过程，建立"微机原理与接口技术"和"自动控制原理"的模块式基础实验体系；以工程素质和能力培养为主线，将综合实践与应用融为一体，提供实现创新能力培养的外部条件；建立相对独立的实践教学体系。

"微机原理与接口技术"课程为机电大类专业基础平台内的专业主干课程，授课对象是机电大类专业的二年级本科生。该课程的主要任务是让学生了解计算机技术的发展概况；理解微型计算机的基本知识、基本组成原理、基本工作原理；掌握单片微型计算机硬件系统结构原理和硬件接口设计及扩展方法；掌握微型计算机指令系统的组成，掌握汇编语言编程和应用程序的设计方法，以及应用系统软硬件综合设计的基本流程与方法。

"自动控制原理"课程为机电大类专业基础平台内的专业主干课程，授课对象是机电大类专业的三年级本科生。主要任务是了解自动控制系统的基本概念，区分开环与闭环控制系统；能够熟练建立机电系统的微分方程、传递函数这两种形式的数学模型，掌握复杂系统动态结构图的化简，学会用信号流图来描述系统的方法及其简化原则；理解系统时域分析的基本概念，熟练求解一阶和二阶系统的响应，深刻理解系统稳定性的基本概念，掌握 Routh 稳定性判据的基本思想，熟练求解系统的稳态误差；掌握典型系统根轨迹的绘制原则；深刻理解频率法的基本概念，熟练掌握典型环节频率特性的绘制方法，重点掌握系统暂态特性和开环频率特性的关系。理解控制系统校正的一般概念，熟练掌握系统的串联校正、并联校正和前馈校正等补偿方法。

"微机原理与接口技术"和"自动控制原理"都是机电大类本科生重要的专业基础课，是理论与实践并重、强调突出实践环节重要作用的课程。通过加强实践环节的训练，着重培养学生理论和实践结合的能力，使学生在面对实际问题时，能够站在系统的角度来思考，为后续课程、毕业设计以及将来参加实际工作奠定基础。在课程建设过程中，从教学思想、模式、内容及形式都进行了研究与改革，形成内容密切联系实际、形式灵活多样、成效显著的全新实践环节，更加突出锻炼提高学生的动手能力，培养解决工程实际问题的基本素质和方法，强调培养知识、锻炼能力、提高素质并重，教学中可以收到较好的效果。

1.1.2 教学体系建立的意义

实验教学是学生加深对所学理论知识的理解并掌握的一个重要环节，对于培养学生综合运用所学知识解决实际问题的能力起到非常重要的作用。因此，开展对实验教学课程目标、内容和方法的研究，规范实验教学，建立与理论教学改革相协调的新实验教学体系，才能保证和提高实验教学质量，提高学生学习的主动性，培养学生的创新思想和精神；才能形成以学生为主体，充分调动学生自主学习的热情，以及理论与实践并重，突出能力培养，结合实践创新的教学模式。

1.2 电子控制基础实验教学的方法和要求

电子控制基础实验教学包含三个方面的基本训练：一是训练学生了解基本实验设备原理、掌握正确的操作方法；二是通过必要的验证性实验加深学生对所学基本理论的理解；三是设置综合性实验、设计性实验，对学生进行初步工程实践能力的训练。

1.2.1 实验教学方法

课程实验类型分为验证性、综合性和设计性三类。验证性实验是为了培养学生的实验操作、数据处理和计算技能，学生根据实验获得的数据，通过计算得出结果，与已知的结果相比较，得出正确结论或分析产生误差的原因。综合性实验是指实验内容涉及相关的综合知识或运用综合的实验方法、实验手段，对学生的知识、能力、素质进行综合学习与培养的实验。设计性实验是指学生在教师的指导下，根据给定的实验目的和实验条件，自己设计实验方案、确定实验方法、选择实验器材、拟定实验操作程序，自己加以实现并对实验结果进行分析处理的实验。课程实践是在对学生进行初步工程实践能力训练的基础上，以专题实践活动的形式在一段较集中的时间内进一步强化对他们实践能力的训练。实践内容即在确认题目之后，从查阅文献、提出方案、电路的设计、参数的计算、元器件选择、印制电路板的设计与制作到系统安装与调试均由学生在教师的指导下独立完成。

本书中的验证性实验比较简单，而综合性和设计性实验要求学生要在实验课之前根据实验要求查找资料、设计实验方案、选配实验仪器、拟定实验步骤，在实验阶段完成数据测量，针对实验中的问题进行分析，排除故障，培养分析解决问题的能力，最后写出实验报告。

电子控制基础实验教学建立模块式基础实验和综合实验项目，打破了课程界线，突出了基本知识的应用和基本技能的培养。模块式实验将分散的实验教学内容进行整合，可以不再按课时组织教学内容，而是按能力模块组织教学，一个模块中包括基本实验和设计性实验。

模块式实验大量删减了验证性实验，并根据模块内容大小确定实验时间。实验内容由简单到复杂，再到多个知识点的应用。综合模块实验注重培养学生基础知识的应用能力。综合实验模块包含电路、模拟电子技术、数字电子技术、单片机原理、电气制图、电子线路设计与仿真等课程内容。

1.2.2　实验教学要求

教学过程应是实践教学与理论教学紧密联系，学生在教师指导下以实际操作为主，获得感性知识和基本技能、提高综合素质的一系列教学活动的组合。因此，在教学方法上应注意突出其实践性强的特点，一方面贯彻自主式的教学思想，另一方面要充分发挥教师与学生、学生与学生之间的互动功能。实践教学的内容、特点要求在教学过程中更突出以学生为主体、教学要从以教为主向以学为主转移、模糊教与学的界限等特点，使实践教学成为一种自我导向式的活动。教师的作用主要在于引导学生在整个实践教学活动中对面临的实际问题如何去分析、怎样来解决，以提高自身的素质和能力。实践教学的形式应体现宽松、灵活的特点，鼓励学生大胆质疑，不唯师不唯书，在讨论中提升自身能力，营造宽松的实践教学氛围。

1.3　电子控制基础实验教学框架结构及内容

电子控制基础实验教程包括"微机原理与接口技术"和"自动控制原理"课程所涉及的实验项目和实践内容，介绍与实验相关的电子元器件和基本电路，为学生识别器件和分析电路提供参考，通过软件仿真验证了实验项目。

1.3.1　实验教学框架结构

"微机原理与接口技术"和"自动控制原理"都被评为北京交通大学校级精品课程，是机电大类本科生的专业基础课之一，都是理论与实践并重、尤其强调突出实践环节重要作用的课程。因此，在课程建设过程中，实践教学环节被作为重点建设内容之一，从教学思想、模式、内容及形式都进行了研究与改革，形成了内容联系实际、形式灵活多样、成效显著的全新的实践环节，更加强调、突出锻炼提高学生的动手能力，逐步培养解决工程实际问题的基本素质和方法。形成了以学生为主体，充分调动学生自主学习的热情；理论与实践并重，突出能力培养，结合实践创新的教学模式。强调培养知识、锻炼能力、提高素质并重，教学中收到较好的效果。

围绕着电子控制技术所涉及的"单片微型计算机"、"模拟与数字电子技术"、"机电控制元件"、"传感器原理及应用"、"自动控制原理"、"计算机控制技术"等多门课程，在以往教学过程中，每门课程均各自从自身的角度构建教学体系，各自有一套理论教学、实验教学、课程设计等方案。对于实践教学环节往往也是附属于课程进行的。这样，虽然各自实施起来较为方便，但由于教学课时数的限制，以实验教学为中心的实践性教学环节无论从教学内容上，还是教学方法、手段上都缺乏从上而下的顶层设计，难以达到最佳的效果。为此，我们运用系统科学的理论和方法，深入地分析相关专业对学生掌握电子控制技术的需求，对组成实践教学的相关要素进行整体设计，从教学目标体系、教学内容体系、教学方法体系三个方面构建电子控制类基础课程实践教学体系的基本框架，如图 1-1 所示。

图 1-1　电子控制类基础课程实践教学体系基本框架示意图

教学目标体系是根据相关专业培养目标和基本规划要求，立足于电子控制类的基础课程，以工程实践能力培养为主线的实践教学目标体系，体现在对学生基础能力的训练和对学生综合能力的训练两个方面上。

1.3.2　实验教学内容体系

教学内容体系是实践教学体系的最主要内容，主要围绕学生的基础能力训练和综合能力训练设置诸如基础实验、课程设计、科技制作、毕业设计等实践教学环节以及相应的实践性课题来展开。

着眼于对学生进行基础能力训练和综合能力训练的实践教学目标，我们打破了传统的仅仅附属于各门课程的分散的实验教学，模糊了课程界限，以相关专业涉及的电子控制的基础知识、基本方法、基本技能、基本元器件、基本控制系统、基本测量仪器与设备等为主线，提炼出有关的实践性教学课题，形成了由基本性实验、综合性实验、设计性实验、专题性实验、科技小实验、工程应用实践六个基本模块构成的实践教学内容体系。并把这些实践性教学课题分解到实验教学、课程设计、科技制作和毕业设计几个环节中。从基本的实践技能的培养到综合实践能力的锻炼，落实于各个环节中，达到依托控制类基础课程，对学生进行比较系统性的实践能力培养的目的，其基本内容如图 1-2 所示。

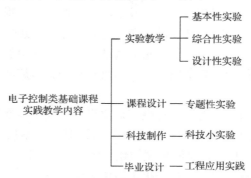

图 1-2　电子控制类基础课程实践教学内容体系

实验教学的内容主要依托相应的课程，包含三个方面的基本训练：一是训练学生了解基本实验设备原理、掌握正确的操作方法；二是通过必要的验证性实验加深学生对所学基本理论的理解；三是设置综合性实验和设计性实验对学生进行初步工程实践能力的训练。

1.3.3　实验教学方法体系

实验教学内容的顺利实施取决于与之相适宜的教学方法。在实验室，指导教师要少讲实验过程和步骤，要求学生独立完成实验。采用启发式指导方式，充分调动学生的实验积极性，培养学生独立的工作能力和动手能力。

根据演示和验证性实验、综合设计性实验的内容和特点不同而采用不同的实验教学方法。并采用传统实验教学与多媒体结合的方式完成实验教学，制作多媒体实验课件，使学生在实验中能更加直观地了解实验方法及现象。

针对演示和验证性实验，采用学生亲自动手操作、模型延时演示和课堂讨论相结合的教学方法，使学生成为实验活动的主体，调动学生实验的主动性。

综合性实验是培养学生综合工程设计能力、实际动手能力和创新能力的最好平台。在实验中更多地采用启发式的教学方法，教师引导学生从观察和实验中发现问题、解决问题，让学生多动脑、举一反三。

对于设计性实验，教师仅提供实验要求和目标，而实验全过程由学生独立完成。学生自己设计实验方案，确定实验方法，选择实验器材，拟定实验操作程序，并对实验结果进行分析处理。在这类实验中，学生通过预习和查阅资料，确定实验方案；由教师审核实验方案的可行性，之后交由学生根据自己的设计方案独立完成实验内容。通过这种自主式教学法，学生在准备和预习实验的过程中发现问题，并查阅资料，积极思考解决方案，从而学会研究问题的基本方法，养成良好的科学作风，提高学习主动性和创新意识。

教师根据自己设计的教学方法，建立符合实验教学特点、科学合理的考核体系，更有效地调动学生的学习积极性，对每位学生参加实验教学的整个过程进行全面综合的考核。

1.4　本书的主要内容

本书主要介绍电子控制中所涉及的元器件、基础电路、实验项目和综合实践等，涵盖"微机原理与接口技术"和"自动控制原理"及其相关先修课程"电路基础"、"模拟与数字电子技术"、"测控电路设计"等多门课程的实验知识。

全书共分 6 章。第 1 章介绍电子控制基础实验教学体系的目的与意义、教学方法和要求及教学框架结构。

第 2 章介绍电子控制基础实验中所用到的元器件，包括电阻、电容、电感、晶体管、放大器、光电元件和插接件等。从元器件的分类、标识、基本特性及电路符号、应用方法等方面进行详细的介绍，使学生能够快速辨识出元器件的相关参数，并能灵活地运用到实验设计中。

第 3 章介绍电子控制基础实验用到的基础电路，主要包括基本运算电路、滤波器、信号发生电路、逻辑电路和集成稳压电路等。针对每个电路都有对应的电路原理图及详细的电路分析，使学生能够跟随分析过程写出电路输出方程。在一些电路中还配有幅频特性图及输出信号图，能够让学生更直观地看到电路的运行结果。

第 4 章介绍"自动控制原理"的相关实验，包括典型环节的模拟研究、典型系统的瞬态响应和稳定性及非线性系统设计等基础实验，还包括水箱水位控制系统、直流电机速度控制系统和温度控制系统等综合应用实验。

第 5 章介绍"微机原理与接口技术"的基础实验，包括基本指令操作、外部中断处理、定时器和计数器应用、外部存储器扩展及 A/D 和 D/A 转换等基本实验，还包括按键及 LED 显示、LCD 与点阵屏显示、单总线数字式温度传感器 DS18B20 应用和步进电机控制等综合应用实验。

第 6 章介绍"微机原理与接口技术"的实践实验，包括交通信号灯控制系统、教室人数统计系统、电梯模拟控制系统、数字温度传感器测温显示系统和采用实时时钟芯片打铃系统等综合实践项目。学生在实验中需要自行选取元器件，设计并完成电路的硬件搭建及软件程序编写调试，属于从理论到实践的综合实践实验。

第2章　电子控制元器件

2.1　电阻器和电位器

2.1.1　分类

电阻器通常称为电阻，是电子产品中使用最多的元件之一。电阻产品的种类很多，有阻值不能改变的固定电阻，有阻值能调节的可变电阻和电位器，更有能在电路中各显神通的多种类型的特殊电阻。

1. 固定电阻

图 2-1 画出了几种常见的电阻元件外形，它们在各种电路中被普遍使用。固定电阻的阻值不能改变，在各种电路中使用最多，按其构造的不同有碳膜电阻、金属膜电阻、线绕电阻等几种。

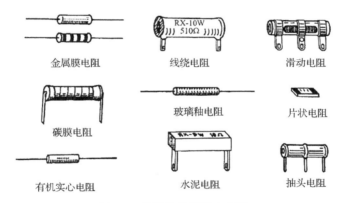

图 2-1　常用的几种固定电阻

2. 电位器

电位器的实质是阻值可变的电阻。电位器通常装有调节手柄或调节螺丝，当动臂在电阻体上滑动时，即可改变滑动触点与电阻体两端引脚之间的阻值。习惯上所称的电位器阻值变化范围较大，调整也方便，而将阻值调节范围较小或调节不方便的称为可变电阻、微调电阻。电位器的种类很多，从构造上分，常用的有旋转式电位器、带开关电位器、直滑式电位器、多圈电位器、微调电位器、双连电位器等。图 2-2 画出了常用的几种电位器外形。

3. 特殊电阻

特殊电阻包括热敏电阻、湿敏电阻、压敏电阻、光敏电阻、磁敏电阻等。这些元件的电阻值往往能随环境变化，在元件受到温度、湿度、电压、光线、磁场等的变化时，它的电阻值会有明显的改变。电器产品中，利用特殊电阻的这些本领，常将它们作为传感器，构成各种自动控制电路。图 2-3 画出了常用的一些特殊电阻外形。

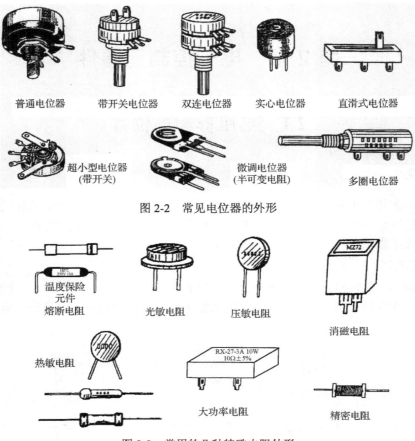

图 2-2　常见电位器的外形

图 2-3　常用的几种特殊电阻外形

2.1.2　标识

1. 电阻的参数标识

电阻的主要参数是阻值大小、额定功率和误差等级，它们要明显地标注在电阻体的表面，让使用者能一目了然地识别。常用的标识方法有直标法、文字符号法和色环法。

1) 直标法

直标法是将有关参数直接标注在电阻元件的表面，阻值的大小用阿拉伯数字表示，单位用Ω、kΩ、MΩ等字母表示（分别读作欧姆、千欧、兆欧），允许误差则用百分数表示，如图 2-4 所示。

2) 文字符号法

文字符号法使用文字、符号按照统一规定组合起来，标注电阻的阻值及允许误差，如图 2-5 所示。阻值单位用字母Ω、K、M、G、T 等表示，在字母前面的数字表示阻值的整数部分，字母后面的数字表示阻值的小数部分。例如，用"Ω33"表示 0.33Ω，"2K2"表示 2.2kΩ。电阻的允许误差用字母表示，它们的对应关系见表 2-1。

図 2-4　电阻的直标法　　　　　　　　　图 2-5　电阻的文字符号标注法

表 2-1　允许误差的字母表示

字母	B	C	D	F	G	J	K	M
允许误差/(±%)	0.1	0.2	0.5	1	2	5	10	20

3) 色环法

色环法是在电阻的表面画上不同颜色的色环，用来表示它的阻值和允许误差。普通电阻用四色环表示，精密电阻用五色环表示，如图 2-6 所示。四色环电阻上，各颜色表示的意义见表 2-2。五色环电阻中，前 3 个色环分别表示电阻阻值的第一、二、三位数，第四色环表示倍率，第五色环表示允许误差。例如，图 2-6 中画出的四色环电阻阻值为 2.7kΩ、允许误差为±5%；五色环电阻的阻值为 47Ω、允许误差为±10%。

图 2-6　电阻的色环标注法

表 2-2　电阻四色环标注表示的意义

颜色	第一色环(第一位数)	第二色环(第二位数)	第三色环(倍率)	第四色环(允许误差/(±%))
金			0.1	±5
银			0.01	±10
黑	0	0	1	
棕	1	1	10	±1
红	2	2	100	±2
橙	3	3	1000	
黄	4	4	10000	
绿	5	5	10^5	±0.5
蓝	6	6	10^6	±0.25
紫	7	7	10^7	±0.1
灰	8	8	10^8	
白	9	9	10^9	

另外，有的电阻表面还用罗马数字 Ⅰ、Ⅱ、Ⅲ表示它的允许误差，Ⅰ表示±5%，Ⅱ表示±10%，Ⅲ表示±20%。不同产品中，如果电阻表面没有标注允许误差，可按允许误差±20%使用。

4) 额定功率的标注

电阻的额定功率是它允许长时间通电而不损坏的最大耗电功率。大功率电阻的额定功率在表面直接用文字标注,例如,电阻表面有"4W"字样,表明它的额定功率是 4W。一般小功率电阻的额定功率可以从它的颜色和体积大小判断,例如,直径 1mm、长 1cm 的淡黄色或蓝色碳膜电阻的功率为 1/8W;同样大小的红色金属膜电阻的功率是 1/4W。同一种类的电阻体积越大,额定功率也越大。

2. 电阻的图纸标识

电路图中,各种电阻有完整的标识,以完整地表明它的类型、型号和主要参数。这些标识包括图形符号和旁边标注的元件序号及主要参数:图形符号表示元件的类别;序号表示这个元件在电路图中的特定位置,用以区别其他同类元件;标注的参数通常有阻值和功率。

电阻常用文字符号为 R,电位器为 R_P,有的图纸也用 W、R_W 等表示。特殊电阻的文字符号习惯上是在字母 R 后面加注相关字母或脚标,例如,用 R_t、R_T、R_θ 等表示热敏电阻。电阻和电位器的常见图形符号如图 2-7 所示。

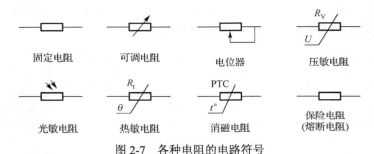

图 2-7　各种电阻的电路符号

2.1.3　电阻的封装和选用

1. 电阻的封装

电阻的封装形式指的是电阻器的外部形状及体积大小。按照封装形式,电阻器可以分为插针式电阻和贴片式电阻(SMD 电阻器)。

插针式电阻是指在电路板上,元器件的焊盘位置必须钻孔(从顶层通到底层),让元器件引脚穿透 PCB,然后才能在焊盘上对该元器件的引脚进行焊接。插针式电阻的封装名称通常为 AXIAL0.3、AXIAL0.4 等。AXIAL 意思是轴状的,0.3 和 0.4 指的是焊盘间距,单位是英寸。所以 AXIAL0.4 就是两个焊盘间距为 0.4 英寸。常见的插针式电阻外形与封装如图 2-8 所示。

贴片电阻就是电阻器的焊盘不需要钻孔,而直接在焊盘表面进行焊接的电阻器。目前很多电子产品都采用表面安装贴片电阻的方法来缩小 PCB 体积,提高电路稳定性。贴片电阻主要有 7 种系列尺寸,一般用两种尺寸代码来表示:一种是由 4 位数字组成的 EIA 代码(英制代码),这种代码的前两位与后两位分别表示贴片电阻的长和宽(单位为 in,1in=2.54cm);另一种代码是由 4 位数字组成的米制代码(公制代码),它的前两位与后两位也分别表示贴片电阻的长和宽(单位为 mm)。贴片电阻的封装代码及其尺寸如表 2-3 所示。

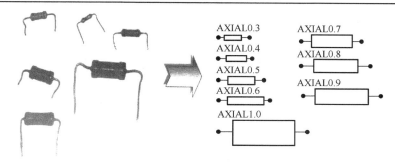

图 2-8　常见的插针式电阻器外形与封装

表 2-3　贴片电阻的封装代码及其尺寸

英制代码/in	公制代码/mm	长度/mm	宽度/mm	厚度/mm	额定功率/W
0402	1005	1.0	0.5	0.5	1/16
0603	1608	1.55	0.8	0.4	1/16
0805	2012	2.0	1.25	0.5	1/10
1206	3216	3.1	1.55	0.55	1/8
1210	3225	3.2	2.6	0.55	1/4
2010	5025	5.0	2.5	0.55	1/2
2512	6432	6.3	3.15	0.55	1

2. 电阻的选用

选择电阻器时，首先要确定所需要的电阻值是多少。电阻值以Ω为单位。若大于 1000Ω 时，则用 kΩ 来表示。若电阻值为 $1 \times 10^6 \Omega$，则以 MΩ 来表示。选择电阻值，最好选用标称阻值的电阻器。如果无法在标称阻值中找到符合需求的电阻器阻值，则可以根据电阻值的容许误差来考虑选择最接近的阻值，或以串、并联方式获得所需电阻值。

电阻器通电后会发热，并消耗功率。若消耗功率超过电阻器能够负担的额度，电阻器就有可能被烧坏。因此，电阻器的额定功率必须高于所消耗的功率才能安全地使用。

因此，在阻值选择完毕后，要计算流过电阻器的电流大小，求出功率，并乘以安全系数（大于 1.5 即可），求得所需功率。最后依电路特性决定所需电阻器的种类。

在进行电路设计时，除了要选择合适的电阻器，也要考虑电阻器的成本(精度越高，成本越高)。如果对精度要求不高，可适当选用低精度的电阻器来降低成本。

2.2　电　容　器

2.2.1　分类

1. 固定电容

电容器是电器中常用的元件结构，通常简称为电容。它的结构原理是在两个相互靠近的导体中间夹一层不导电的绝缘介质。电容器的极板面积、距离大小和中间所夹的绝缘介质特性决定了它的电容量，相对罩合的面积越大、距离越近(绝缘质薄)，则电容量越大。电容器的种类虽然很多，但它们的基本结构、原理都大体相同。

电容量固定不变的电容器称为固定电容。由于电容的电气性能、结构和用途与其介质种类有密切的关系，所以通常将固定电容按照绝缘介质的不同分为纸介电容、云母电容、小型金属化电容、电解电容、瓷介电容等。常用的一些电容如图 2-9 所示。

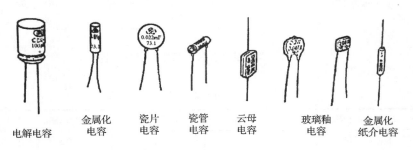

| 电解电容 | 金属化
电容 | 瓷片
电容 | 瓷管
电容 | 云母
电容 | 玻璃釉
电容 | 金属化
纸介电容 |

图 2-9　常用的固定电容

2. 可变电容

最常用的可变电容有空气可变电容器和有机介质可变电容器两种，它们的外形如图 2-10 所示。

可变电容是由许多形状相同的两组金属片间隔一定距离组合而成的。其固定不动的一组称为定片；可以转动的一组称为动片。动片随着轴柄转动时，改变了两组金属片的相对面积大小，从而使容量可变。

微调电容(又称可变电容)的电容量能在一个较小的范围内(皮法到几十皮法)变化，以便调整至电路所需要的精确容量数值。它的形状和主要结构如图 2-11 所示。

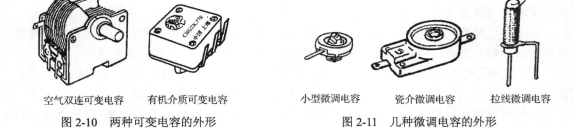

空气双连可变电容　　　有机介质可变电容　　　　小型微调电容　　瓷介微调电容　　拉线微调电容

图 2-10　两种可变电容的外形　　　　　　　图 2-11　几种微调电容的外形

2.2.2　标识

1. 电容的代号标识

国产电容的代号标识由 3 部分组成：第一部分是字母 C，表示主称——电容器；第二部分是字母，表示电容的介质材料；第三部分是数字，表示分类，如果还有需要表示的特性，可另用数字和字母做后缀。这些字母和数字的具体含义见表 2-4。

表 2-4　电容代号标识的含义

第一部分	第二部分	第三部分					后缀
主称	介质材料	分类					说明
		数字	瓷介电容	云母电容	有机电容	电解电容	
C 电容器	A 钽电解	1	圆片	非密封	非密封	箔式	各厂家制定
	B 聚苯乙烯	2	管式	非密封	非密封	箔式	
	C 高频瓷	3	叠片	密封	密封	烧结粉液体	
	D 铝电解	4	独石	密封	密封	烧结粉固体	
	E 其他材料电解	5	穿心		穿心		
	G 合金电解	6	支柱			无极性	
	H 复合介质	7					
	I 玻璃釉	8	高压	高压	高压		
	J 金属化纸	9			特殊	特殊	
	L 涤纶						
	N 铌电解						
	O 玻璃膜						
	Q 漆膜						
	T 低频瓷						
	V 云母纸						
	Y 云母						
	Z 纸						

2. 电容的参数标识

1) 电容量和误差

常用电容器的容量，从几皮法到几千微法，新型电器中也有几法的大容量电容。电容器的标注方法主要有直接标注法、色码表示法两类。

直接标注法中，以皮法(pF)为最小标注单位，1 万皮法以上用微法(μF)作为单位，1 万皮法以下用皮法作为单位。标注中以皮法(pF)为单位时，通常直接标出数据，而不写单位。电容标注中的小数点用 R 表示。例如，在电容表面标注有"470"字样，则表示容量为 470pF，标注为"R56μF"时，它的容量为 0.56μF。

一些小容量电容通常采用 3 位数码表示：前两位数字表示有效数，第三位数表示有效数后面零的个数，单位为皮法(pF)。例如，电容上标注为"201"表示它的容量为 200pF；标注为"203"时，它的容量为 20000pF(0.02μF)。要注意的是，如果标注数字的第三位是 9，则表示电容量是前两位有效数字乘以 10^{-1}，而不是 10^9。例如，标注数字为"229"时，表示这个电容的容量为 22×10^{-1} pF，即 2.2pF。

2) 耐压

电容的耐压表示它在长期使用中所能承受的电压。不同的电容耐压性能也不同。例如，小型云母电容器的耐压是 260V，小型瓷介质电容器的耐压是 60V，电解电容器的耐压有 25V、50V、250V 等。选用电容时，不允许电路电压超过它的耐压，否则电容器内的绝缘介质就可能被破坏，造成电容击穿。

一般电容器的外壳上都注明耐压指标。通常有低压和中高压两种，低压为 200V，一般有 16V、50V、100V 等；中高压一般有 160V、200V、200V、400V、500V、1000V 等。

3. 电容的图纸标识

电容在电路图中的标识，包括图形符号和相关文字。它们用来标识元件的类别、序号和主要参数。常用的电容符号如图 2-12 所示。

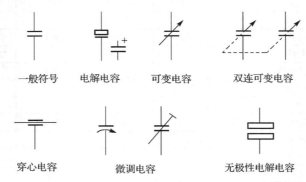

图 2-12　电路中常用的电容符号

电路图中，电容用字母 *C* 标识，随后用数字标注它的元件序号，此外还要标注它的电容量和耐压。电容量的单位是法[拉]，用字母 F 表示，而常用的是微法(μF)、纳法(nF)和皮法(pF)。它们三者的关系为

$$1F = 10^6 \mu F, \quad 1\mu F = 1000nF, \quad 1nF = 1000pF$$

2.3　电感线圈和变压器

2.3.1　电感线圈

1. 分类

电感器简称电感，电器产品中的各种线圈都是电感，所以习惯上常把各种电感称为线圈。电感的分类常按它的结构辨别，分为空心线圈、磁心线圈和铁心线圈等，也可按照电感量能否调节分为固定电感和可调电感。图 2-13 画出了几种常见的电感线圈外形。

图 2-13　几种常见电感器外形

1）空心线圈

用大型模具（圆棒等）上绕成线圈，将模具抽出脱胎就制成了空心线圈。这种线圈多用于高频电路中。有时线圈绕在纸筒、胶棒等材料上，由于这些绝缘材料对电感性能影响不大，也把它们称为空心线圈。

2）磁心线圈

磁心是由铁氧体材料烧结成形的，可以做成棒状、条形、环形、山字形等。磁心线圈是将导线绕在磁棒、磁环上，或者在空心线圈中插入磁心。

线圈中插入磁心后，在高频电路中有较高的电感量。如果将磁心做成螺丝状，或装在带螺纹的骨架上，就做成可调电感，调节磁心的位置就可以改变线圈的电感量。

3）铁心线圈

这种线圈中插入硅钢片组成的铁心，它的电感量可以做成很大的，常用在低频电路中。

4）色码电感

这是一种带磁心的小型固定电感，由于它的电感量常用色环或色点表示，习惯上也称为色码电感。实际上，有些固定电感没有采用色环标示法，而是将电感量数值直接标在壳体上。

2. 标识

1）电感的主要参数

电感的主要参数有电感量、品质因数、额定电流/误差范围等，但通常只有电感量这一个参数必须在其壳体上或电路图上标识。

电感量是标识元件自感应能力的物理量，用 L 表示，它的大小与线圈匝数、尺寸和磁心材料有关。电感的基本单位是亨利（简称亨，用 H 表示），常用的还有毫亨（mH）、微亨（μH），三者的换算关系是

$$1H = 10^3 mH = 10^6 \mu H$$

额定电流是指允许长时间通过电感元件的直流电流值。在选用电感元件时，若电路流过电流大于额定电流值，就需要改用额定电流符合要求的其他型号的电感器。

2）电感的参数标识

电感量由数字和单位直接标在外壳上，壳体上标注的数字是标称电感量，其单位是微亨或毫亨。电感量较小时，标注中用字母 R 表示小数点。标注中的最后一位英文字母表示误差范围，具体含义与电阻标注中相同。

3）电感的图纸标识

电感元件有多种图形符号，如图 2-14 所示。这些符号含义有一定的规律，反映了元件的结构特点。

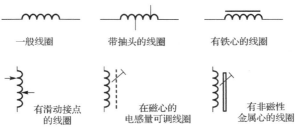

图 2-14　电路中常用的电感符号

在电路图中，各种电感(线圈)都用字母 L 表示，并标注元件的序号。至于电感的参数，多数情况则只标注出电感量。

2.3.2 变压器

1. 分类

变压器的种类很多，按用途可以分为电源变压器、开关变压器、行输出变压器、自耦变压器、音频变压器等。按工作频率不同可以分为高频变压器、中频变压器和低频变压器。按材料结构又可以分为铁心变压器和磁心变压器。

1) 铁心变压器

在同一个铁心上，绕两个(或几个)线圈，就组成一具变压器。铁心变压器适用在低频电路中，常常用作电源变压器或者音频变压器。由于用途和设计、制造工艺不同，电器中的变压器外形、规格差异很大，使用的铁心有各种规格，线圈绕法也有各自的规定。

电源变压器的主要用途是改变电源电压。常见的电源变压器外形如图 2-15 所示。

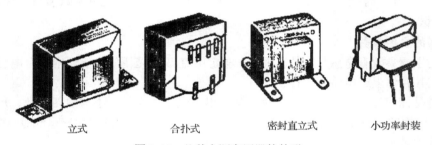

立式　　　　　合扑式　　　　密封直立式　　　小功率封装

图 2-15　几种电源变压器的外形

2) 磁心变压器

绕在磁心上的变压器多用于电子产品中，适合在较高的频率下使用，有的为了改变线圈的电感量，磁心位置能够调节。磁心变压器传输功率一般不大，所以体积较小，但制造工艺比较讲究。图 2-16 是几种常见的磁心变压器外形。

图 2-16　几种磁心变压器的外形

2. 标识

1) 变压器的主要参数

变压器最主要的参数是它的变比。变比常用字母 K 表示，就是变压器初、次级线圈的匝数比。实际使用的变压器中，常在各级线圈引线端之间标注电压数。知道了变压器初级输入电压和次级输入电压，就能算出它的变比。

额定功率是电源变压器的另一个重要参数，常标注在电源变压器的铭牌上。变压器使用时，次级负载消耗功率不能大于变压器的额定功率，否则变压器使用时间长了会过热烧毁。一般电源变压器的铁心越大，变压器的额定功率也越大。

2）变压器的图纸标识

电路中的变压器常用字母 B 或 T 表示，它们的电路图形符号如图 2-17 所示。

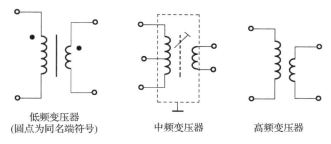

低频变压器
（圆点为同名端符号）　　　　中频变压器　　　　高频变压器

图 2-17　各种变压器的电路符号

图纸上，变压器的元件符号，以及各线圈的电压值、匝数等大多直接标注在图形符号旁边。有的图纸上，变压器符号上线圈一端有个小圆点，这是标注的线圈同名端。同名端是指几个线圈上同为线头或线尾的端点。认清线圈的同名端，就能判断线圈上感应电压的正负极性，方便地分析电路的工作原理。

2.4　晶体二极管

2.4.1　基本特性

二极管是最简单的半导体器材，它的内部有两种不同导电特性的材料，一种是 N 型半导体材料；另一种是 P 型材料。两种材料的交界面烧结成 PN 结，就做成了二极管。二极管一般有两个电极（引线），一个与 P 型材料相连叫正极，另一个与 N 型材料相连叫负极。

电路中所有二极管有一个很重要的特性：只允许电流从二极管的正极（P）流向负极（N），而不允许从负极流向正极。这个特性是二极管的最基本性质，称为二极管的单向导电性。

2.4.2　分类

1．整流二极管

整流二极管是最普通也是最普遍的二极管。如果没有特别指明，通常所说的二极管就是指整流二极管。它的主要用途是利用单向导电性，将交流电变成直流电。

整流二极管的主要参数是最大整流电流和反向击穿电压。这两个参数是由二极管内部构造决定的。通常使用中，二极管中的电流不应长时间超过最大整流电流值，而整流二极管的工作电压应不大于它的击穿电压的一半。

2．稳压二极管

普通二极管在两极所加反向电压超过它的击穿电压时，就会被烧坏。稳压二极管（简称稳压管)却能长时间工作在反向击穿状态。这种二极管在反向击穿后，它两端电压不随反向电流的变化而变化，能保持在一个确定值，所以常用来在电路中起稳定电压作用。

3. 发光二极管

发光二极管由磷化镓或磷砷化镓等半导体材料制成。这种二极管有较小电流(几毫安到几十毫安)通过时就能够发光，一般说发光二极管的工作电流越大，发光也越亮，但电流过大超过允许值时，二极管就会烧坏。

发光二极管由于材料和生产工艺不同，能发出绿、红、黄光，有的还能发出双色或三色光，它们常用在电器中作为各种指示灯。

2.4.3　标识

二极管自身的标识比较简单，一般只在表面上标注型号，有的管子还用色点或符号标注引线的正极(或负极)。

电路图中，二极管常用字母 D 或 VD 标注，特殊二极管则用 DW(稳压管)、LED(发光管)等标注，字母后面注明元件的图纸序号。二极管的图形符号种类繁多，它们大多是在普通二极管符号基础上繁衍而成，用以标示元件的类型和特性(如稳压、光敏、发光等)。常见的各种二极管外形和电路图形符号如图 2-18 所示。

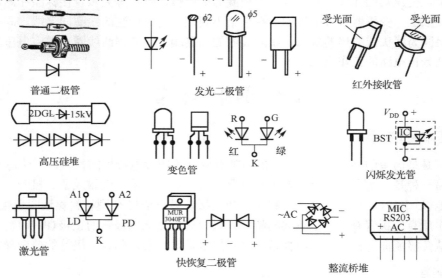

图 2-18　常见二极管的外形和电路符号

2.5　晶体三极管

2.5.1　基本特性

三极管的基本结构如图 2-19 所示。从图中可以看出，三极管的管心是两片 P 型半导体夹着一片 N 型半导体，或者是两片 N 型半导体夹着一片 P 型半导体。这些半导体材料经过复杂的工艺处理后，在它们的交界处形成两个 PN 结，分别叫作发射结和集电结。从三极管管心里引出 3 根引线，分别叫作发射极(e)、基极(b)和集电极(c)。这两种材料结构不同的三极管分别称为 PNP 型管和 NPN 型管。

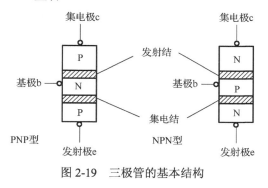

图 2-19　三极管的基本结构

2.5.2　分类

三极管按它的制作材料可分为硅管和锗管；若按极性又可分为 PNP 型和 NPN 型；按功能用途可分为开关管、高反压管、达林顿管、光电管、输出对管、场效应管等。图 2-20 是一些常用三极管的外形，由于性能和参数的差别，它们的外形区别很大。

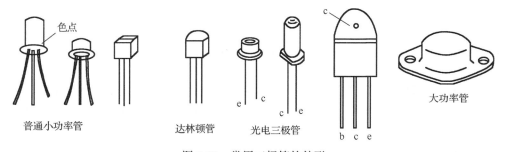

图 2-20　常用三极管的外形

1. 中小功率三极管

通常把最大集电极电流 I_{CM} <1A 或最大集电极耗散功率 P_{CM} <1W 的三极管统称为中小功率三极管。这类三极管的主要特点是功率小，工作电流小，所以使用方便。中小功率三极管的种类很多，体积有大有小，外形尺寸也各不相同。

2. 大功率三极管

这是指最大集电极电流 I_{CM} >1A 或最大集电极耗散功率 P_{CM} >1W 的晶体三极管，其主要特点是功率大、工作电流大，多数大功率三极管的耐压也比较高。多用于大电流、高电压的电路，使用时应按要求加适当的散热片。

3. 输出对管

为了提高放大器的功率、效率和减小失真，通常采用推挽式功率放大电路，即选择两个工作性能一样的管子，事先进行挑选配对，组成对管。对管有同极性对管和异极性对管两种，同极性对管指两个管子均用 PNP 型或 NPN 型三极管；异极性对管是指两个管子中一个采用 PNP 型管，另一个采用 NPN 型管，即常称的 OTL 电路。

4. 达林顿管

达林顿管采用复合连接方式，将两只或更多只晶体管的集电极连在一起，而将第一只晶体管的发射极直接耦合到第二只晶体管的基极，依次级连而成，最后引出 e、b、c 三个电极。达林顿管的放大倍数是各三极管放大倍数的乘积，因此其放大倍数可达几千。

5. 光电三极管

光电三极管是在光电二极管的基础上发展起来的一种光电元件。它不但能实现光电转换，而且具有放大功能，因此被广泛应用在光控电路中。

光电三极管有 PNP 和 NPN 两种类型，且有普通型和达林顿型之分。光电三极管的工作原理可等效为光电二极管和普通三极管的组合元件。当光照在器件窗口上时，产生的光电流输入到三极管进行放大，所以在三极管集电极输出较强的光电流。由于光电三极管基极输入的是光信号，因此它通常只有两个引脚，即发射极 e 和集电极 c。

6. 结型场效应管

结型场效应管的结构与工作原理如图 2-21 所示。从图中看到，结型场效应管内部是在一块半导体材料的两侧形成连在一起的两个 PN 结，PN 结外的区域为导电沟道。根据构成导电沟道的材料不同，可以将结型场效应管分为 P 沟道和 N 沟道两种。从导电沟道上下引出的两个引脚，叫作漏极和源极，分别用字母 D、S 表示，而从两个连在一起的 PN 结外引出的引脚，称为栅极，用字母 G 表示。

7. 绝缘栅场效应管

绝缘栅场效应管的内部结构和工作原理如图 2-22 所示。它是在一块半导体材料（衬底）上，用高温扩散方法制造两个不同型的半导体材料区域（在 P 型材料上制造出两个 N 型区域，或在 N 型材料上制造出两个 P 型区域），然后从这两个区域连出引脚作为源极或漏极，从衬底上做出引脚。再在衬底的表面上敷上一层绝缘层，在绝缘层上敷上金属并做出引脚作为栅极。最常用的绝缘层是采用二氧化硅作为绝缘材料，所以这种场效应管也称为 MOS 管（MOS 是金属、氧化物、半导体材料的英文缩写）。

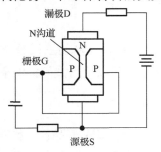

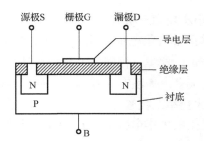

图 2-21　结型场效应管的工作原理　　　　图 2-22　绝缘栅场效应管的工作原理

2.5.3　图纸标识

1. 三极管的标识

三极管器件表面通常只标注型号，而在图纸上结合其图形符号，还可以了解它的极性类型和结构特点。

三极管在电路图上常用字母 BG、V、VT、T 或 Q 表示。字母标注在图形符号旁边，随后标注器件的序号。有必要时，还可以用文字注明要求的参数特性。三极管的基本图形符号有两种：一种表示 PNP 管，另一种表示 NPN 管，如图 2-23 所示。它们的不同点在于发射极箭头的方向（电流方向）。

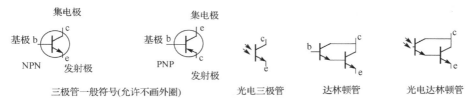

图 2-23　三极管常见的电路符号

2. 场效应管的标识

场效应管的外形和自身标识情况与三极管几乎相同，只从外表标注的型号很难了解它的特性，甚至引脚极性也要通过资料确认。

电路图纸中，场效应管的标注与三极管一样，通常也是用 BG、T、Q 等字母表示。场效应管是利用电场效应进行工作的，英文缩写是 FET，所以图纸上有时也标注为 FET 管，或注明结型管（J-FET）及绝缘栅场效应管（MOS-FET）。多数情况下，同一电路图中场效应管与三极管的序号是通用的。不同类型的场效应管的图形符号如图 2-24 所示。

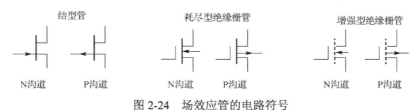

图 2-24　场效应管的电路符号

2.6　集成放大器

运算放大器（简称运放）是高增益、高输入阻抗、低输出阻抗、高共模抑制比的多级耦合的直流放大器。运算放大器一般都采用集成电路设计制造，目前已很少使用分立元件运算放大器，多使用集成运算放大器（简称集成运放）。常见的集成运算放大器的外形如图 2-25 所示。

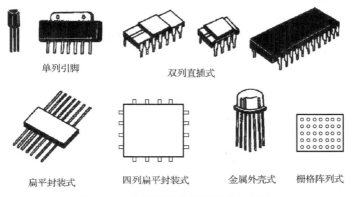

图 2-25　常见的集成运算放大器外形

运算放大器输入信号电压与输出信号电压的一般关系式为 $U_o = f(U_1)$，可以模拟成数学运算关系 $y = f(x)$，这种运算又称为模拟运算。模拟运算在物理量的测量、自动控制系统、仪表测量系统等领域得到了较广泛的应用。在线性应用方面，运算放大器可组成比例运算、加法、减法、积分、微分、对数等模拟运算电路。

2.6.1　运算放大器的符号

运算放大器的符号如图 2-26 所示。

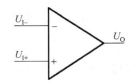

图 2-26　运算放大器的符号

图 2-26 中，"+"、"−"端分别为运算放大器的同相输入端、反相输入端，U_o 为输出端，通常省略了电源端。

2.6.2　运算放大器的组成

运算放大器主要由以下几部分组成。
(1) 差动输入级(组合电路)。
(2) 中间级(提供高增益)。
(3) 输出级(互补输出)。
(4) 附加电路，包括直流偏置、补偿、调零、电源电路等。

2.6.3　运算放大器的分类

按照性能参数，运算放大器可分为如下几类。
1．通用运算放大器
通用运算放大器是以通用为主要目的而设计的。主要特点是价格低廉、产品市场需求大、性能指标满足一般应用，如 μA741(单运放)、LM358(双运放)、LM324(四运放)及以场效应管(FET)为输入级的 LF356 等，它们是目前应用最广泛的集成运算放大器之一。
2．高阻运算放大器(高输入阻抗运算放大器)
这类运算放大器的特点是差模输入阻抗非常高，输入偏置电流非常小。输入阻抗 R_{id} 一般为 $R_{id} > (10^9 \sim 10^{12})\Omega$，输入偏置电流 I_B 为几皮安(pA)至几十皮安。这些运算放大器多采用场效应管(FET)组成差分输入级。利用场效应管高输入阻抗的特点，FET 不仅输入阻抗高，输入偏置电流小，而且具有高速、宽带和低噪声等优点，但输入失调电压较大。这类运放常见的型号有 LF356、LF355、LF347(四运放)及更高输入阻抗的 CA3130、CA3140 等。
3．高精度、低温漂运算放大器
在精密仪器、弱信号检测等自动控制、测量中，总是希望运算放大器的失调电压尽可能小且不随温度变化(温度稳定性好)。低温漂运算放大器就是为此而设计的，低温漂性能往往是与高精度相伴随的。常用的高精度、低温漂运算放大器有 OP07、OP27、AD508 及斩波稳零型低温漂运算放大器 ICL7650 等。

4. 高速运算放大器

在高速 A/D 和 D/A 变换器中，要求运算放大器要有高的转换速率 S_R、足够大的单位增益带宽 BWG，这就是高速运算放大器。高速运算放大器的主要特点是转换速率高、频率响应范围宽。常见的高速运算放大器有 LM318、μA715 等，转换速率 $S_R = 50 \sim 70\text{V}/\mu\text{s}$，单位增益带宽 BWG > 20MHz。

5. 低功耗(微功耗)运算放大器

在便携式仪器设备中，常使用低电源电压(电池)供电，因此，低功耗运算放大器是非常实用的。常用的低功耗运算放大器有 TL022C、TL060C 等，它们的工作电压为 ±(2~18)V，消耗电流为 50~250μA。有的产品功耗已达微瓦级，例如，ICL7600 的供电电源仅为 1.5V，功耗为 10μW，可方便地应用于单节电池供电的电路中。

6. 高压大功率运算放大器(功率运算放大器)

运算放大器的输出电压主要受供电电源的限制。在一般的运算放大器中，输出电压的最大值一般仅几十伏，输出电流仅几十毫安。若要提高输出电压或增大输出电流，集成运放外部必须另加辅助电路。高压大电流集成运算放大器省去了外围附加电路，就可输出高电压和大电流。例如，运算放大器 D41 的电源电压可达 ±150V，μA791 的输出电流可达 1A，OPA541 可输出 10A 的峰值电流。

2.7 　光 电 器 件

2.7.1 　光电耦合器

光电耦合器也称为光电隔离器或光耦合器，简称光耦。它是以光为媒介来传输电信号的器件，通常把发光器(红外线发光二极管 LED)与受光器(光敏半导体管)封装在同一管壳内。当输入端加电信号时，发光器发出光线，受光器接收光线之后就产生光电流，从输出端流出，从而实现电→光→电转换。

光电耦合器是一种把电子信号转换成为光学信号，然后又恢复电子信号的半导体器件。常见的几种光电耦合器如图 2-27 所示。

PC9231　　　　PC929　　　　PS2501-2　　　　TLP181　　　　TLP250　　　　安捷伦光耦

图 2-27　常见的光电耦合器

2.7.2　光电开关

光电开关(光电传感器)是光电接近开关的简称,它把发射端和接收端之间光的强弱变化转化为电流的变化以达到探测的目的。由于光电开关输出回路和输入回路是电隔离的(即电绝缘),所以它可以在许多场合得到应用。

光电开关常被用作物位检测、液位控制、产品计数、宽度判别、速度检测、定长剪切、孔洞识别、信号延时、自动门传感、色标检出、冲床和剪切机以及安全防护等诸多领域。此外,利用红外线的隐蔽性,还可在银行、仓库、商店、办公室以及其他需要的场合作为防盗警戒之用。常见的光电开关如图 2-28 所示。

图 2-28　常见的光电开关

2.7.3　LED 数码管

LED 数码管又名半导体数码管或 7 段数码管,是目前常用的显示器件之一。它是以发光二极管作为 7 个显示笔段并按照共阴或者共阳方式连接而成的。有时为了方便使用,就将多个数字字符封装在一起成为多位数码管,内部封装了多少个数字字符的数码管就叫作"X"位数码管(X 为数字字符的个数)。常用的数码管为 1～6 位。常见 LED 数码管外形如图 2-29 所示。

LED 数码管的 7 个笔段电极分别为 A～G,DP 为小数点,如图 2-30 所示。

图 2-29　常见 LED 数码管的外形图

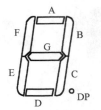

图 2-30　LED 数码管的电极

LED 数码管内部的 LED 有共阴与共阳两种连接方式。共阴就是指内部的 LED 阴极(负极)连接在一起作为一个公共端引出,阳极作为单独的引出端;共阳就是指内部的 LED 阳极(正极)连接在一起作为一个公共端引出,阴极作为单独的引出端。

2.7.4　LED 点阵

LED 显示屏是利用发光二极管点阵模块或像素单元组成的平面式显示屏幕。

它具有发光效率高、使用寿命长、组态灵活、色彩丰富以及对室内外环境适应能力强等优点,并广泛应用于公交汽车、码头、商店、学校和银行等公共场合的信息发布和广告宣传。

1. 分类

按照显示功能来分,LED 显示屏可分为图文显示屏(异步屏)和视频显示屏(同步屏),均由 LED 矩阵块组成。图文显示屏可显示汉字、英文文本和图形;视频显示屏可实时、同步地显示各种信息,如二维或三维动画、录像、电视、影碟以及现场实况等多种视频信息内容。

按照 LED 点阵显示屏的构成形式可分为两种:一种把所需展示的广告信息烧写固化到 EPROM 芯片内,能进行固定内容的多幅汉字显示,称为单显示型;另一种在机内设置了字库、程序库,具有程序编制能力,能进行内容可变的多幅汉字显示,称为可编程序型。

按照显示颜色可将 LED 显示屏分为单基色 LED 显示屏、双基色 LED 显示屏和全彩色 LED 显示屏三类,可显示红、橙、黄、绿等颜色。

按照显示屏大小可将 LED 显示屏分为 4×4、4×8、5×7、5×8、8×8、16×16、24×24、40×40 等多种,数字代表显示屏能显示的行、列数。例如,8×8 点阵屏,代表能够显示 8×8=64 个像素点,并利用这些像素点组成各种内容。

2. 8×8 点阵介绍

8×8 的显示模块,即每个显示模块有 8 行,每行 8 只发光二极管,共计 64 只发光二极管。每个发光二极管均是放置在行线和列线的交叉点上,当对应的某一行置高电平,某一列置低电平时,相应的二极管就亮。通过使用控制系统控制每个二极管的亮灭从而在点阵屏上显示相应的图形。8×8 点阵的外形图如图 2-31 所示。

(a) 点阵模块正面　　　　　　　　　　　　(b) 点阵模块背面

图 2-31　8×8 点阵外形图

2.7.5　液晶显示器

液晶显示屏又称 LCD 显示屏,以其功耗极低、体积小、显示内容丰富、超薄轻巧的诸多优点,在控制、袖珍式仪器仪表和低功耗应用系统中得到越来越广泛的应用。

当前市场上的 LCD 显示器主要有数显液晶、字符液晶和图形液晶三大类。

1. 数显液晶

数显液晶是一种由段型液晶显示器件与专用的集成电路组装成一体的功能部件，只能显示数字和一些固定的标识符号。这种显示器件大多应用在便携、袖珍设备上。常见的数显液晶如图 2-32 所示。

2. 字符液晶

点阵字符型液晶模块是由点阵字符液晶显示器件和专用的行、列驱动器、控制器及必要的连接件、结构件装配而成的，可以显示数字和西文字符，是一类专用于显示字母、数字的液晶显示模块。这种点阵字符模块本身具有字符发生器，显示容量大，功能丰富。这种模块的点阵排列是由 5×8 或 5×11 的一组组像素点阵排列组成的。

图 2-32　常见的数显液晶

常用的 LCD 字符液晶模块有 LCD1602 和 LCD12864 两种，能够分别显示两行、每行 16 个字符液晶模块和 4 行、每行 16 个字符或 8 个 16×16 点阵的汉字。两种液晶显示屏的外形如图 2-33 所示。

(a) LCD1602

(b) LCD12864

图 2-33　LCD1602 和 LCD12864 外形

3. 图形液晶

点阵图形液晶与点阵字符型液晶不同的是点阵像素连续排列，行和列在排布中均没有空隔，因此可以显示连续、完整的图形。当然，也可以显示字符。常见的图形液晶屏如图 2-34 所示。

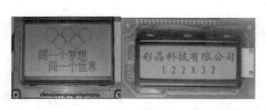

图 2-34　常见的图形液晶显示屏

2.8 开关、接插件和保险元件

开关、接插件和保险元件都是常用的电子元器件，它们的基本功能就是实现电路的通/断。

2.8.1 开关

开关在电路中的作用就是对用电器(负载)的供电进行通/断控制的一种元器件。开关的种类相当多，如拉线开关、摇头开关、滑动开关、按钮开关和拨码开关等。

按照控制方式，开关可以分为机械式开关和电子开关两大类。电子开关是由具有开关特性的元器件(如三极管、二极管)制成的一种开关。这种开关在进行电路通/断控制的过程中没有机械力的参与；而机械式开关则在开关控制过程中必须有机械力的参与才能完成控制工作。

机械类开关的工作原理基本都一样：就是让两段导体接触时电路导通(on)，导体分离时电路断路(off)。机械式开关的命名通常是按照操作方式来命名的，不过按照开关的动作方式及内部结构，还可以细分成很多类。

1. 单刀单掷开关/多刀多掷开关

通常情况下，一个开关是由两个接触点构成的，其中一个是可以移动的触点，这个触点称为刀片触点，与这个触点相连的引脚就是刀片引脚；另一个触点就是定触点，与这个触点相连的引脚就是定点引脚。

根据刀片触点和定触点的个数，这类开关又可细分为单刀单掷开关、单刀双掷开关、多刀多掷开关等。按照动作类型又可分为按钮开关、滑动开关、翘板开关、旋钮开关及摇头开关等类型。常见的单刀单掷开关与多刀多掷开关的外形图如图 2-35 所示。

图 2-35　常见的单刀单掷开关与多刀多掷开关外形图

2. 锁定式/非锁定式开关

开关因为操作的行为不同，可分为锁定式(交替式)开关和非锁定式(往复式)开关两种。

锁定式开关就是开关按下后维持导通，也就是自锁，再按一下就会断路。所以会自己维持在动作状态，被称为锁定式开关。

非锁定式开关就是开关只有在被压下时导通(常开开关)或者被压下时断路(常闭开关)，一放开就会回到原始状态，所以又称暂时开关或轻触式开关或者微型开关。非锁定式开关的接线端经常标有 N/C 或 N/O 字样。N/C 代表常闭，意味着当开关未按下时，拨动端与接线端是连接在一起的；N/O 代表常开，意味着当开关按下时，拨动端与接线端连接。常见的非锁定式开关外形图如图 2-36 所示。

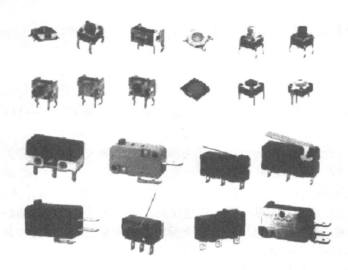

图 2-36　常见的非锁定式开关外形图

3. 拨码开关

拨码开关又称为 DIP 开关，是多个单刀单掷开关的组合，内部可以有多个微型开关。当组合有 4 个开关时，其具体名称就为"4 位拨码开关"；当组合有 8 个开关时，其具体名称就为"8 位拨码开关"。这种开关通常在正面上的一方标注有一个"ON"符号，当该路开关拨至"ON"位置时，该路开关为闭合状态，否则为断开状态。

拨码开关主要应用在小电流的模式选择、地址选择及频率选择电路中。常见的拨码开关外形如图 2-37 所示。

图 2-37　常见的拨码开关外形图

4. 开关的电路符号

开关在电路原理图中通常用字母"S"表示，"S_1"就表示序号为"1"的开关，常见开关的电路图符号见表 2-5。

表 2-5　开关在电路原理图中的符号

国家标准电路图符号	旧标准电路图符号	开关名称
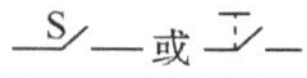 S或	 K	手动单刀单掷开关
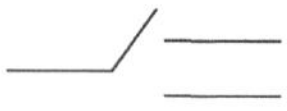	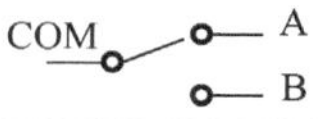 COM A B	单刀双掷开关
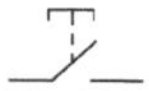	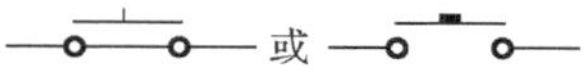 或	轻触开关(非锁存)
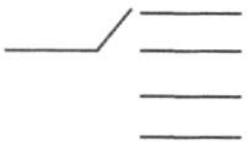	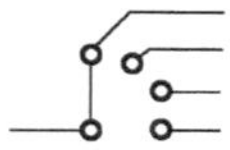	单刀多掷开关(以 4 掷为例)
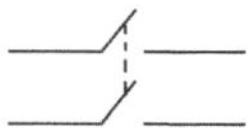	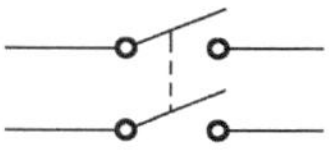	双刀单掷开关
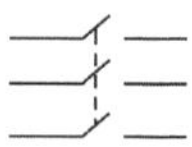	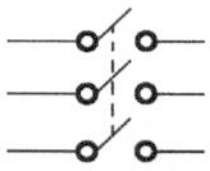	多刀单掷开关(以三刀为例)
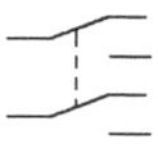	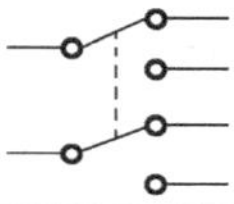	双刀双掷开关
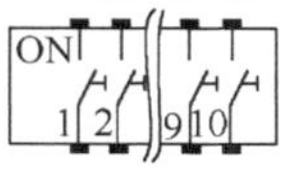 ON 1 2 9 10	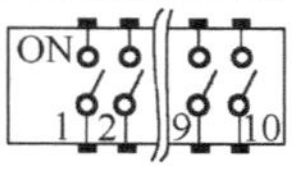 ON 1 2 9 10	拨码开关

2.8.2　接插件

接插件是为了方便两个电路之间进行连接而设计的一种特殊的电子元器件，又称连接器。接插件主要有两种类型：一种是用于电子电器与外部设备进行连接的接插件；另一种是用于电子电器内部线路之间进行连接的接插件。由于电路的需求不同，接插件的类型也有很多种。

1. 耳机插头/插座

耳机插头/插座有单声道与立体声之分，它们之间的区别是立体声插头/插座比单声道的多了一个引脚(带开关的则多两个引脚)。耳机插头/插座按照其插头的直径(插座的孔径)可以分为 2.5mm、3.5mm、6.5mm 等类型。

立体声插头/插座主要用于传送平衡信号或者用于传送不平衡的立体声信号，如耳机。常见的耳机插头/插座外形如图 2-38 所示。

2. RAC 插头/插座

RAC 插头/插座又称莲花插头/插座，输出的信号电平约为−10dB，主要用于民用音响设备中，如常用的 CD 机、录音机、电视机等。在音频设备中，通常使用不同颜色的 RAC 插头/插座来传输两个声道的音频信号：左声道通常为白色，右声道通常为红色。有时候也采用这种插头/插座来传送模拟的视频信号(如 VCD、DVD 的视频信号)，此时插头/插座的颜色为黄色。常见的 RAC 插头/插座外形如图 2-39 所示。

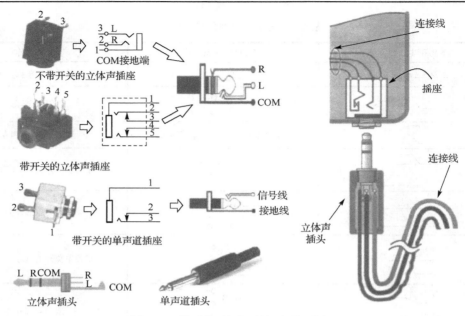

图 2-38　常见的耳机插头/插座外形图

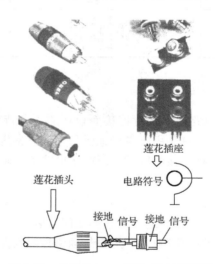

图 2-39　常见的 RAC 插头/插座外形图

3. BNC 插头/插座

BNC 插头/插座是一种用来连接同轴电缆的接插件。BNC 插头是一个螺旋凹槽的金属接头,由金属套头、镀金针头和 3C/5C 金属套管组成。在同轴电缆两端都必须安装有 BNC 接头,两根同轴电缆之间的连接是通过专用的 T 形接头相连接的。T 形接头与 BNC 插头/插座都是同轴电缆的连接器件。

BNC 插头/插座主要应用在需要采用同轴电缆的高频发射/接收设备、网络集线器或交换机上。常见的 BNC 插头和 T 形接头外形如图 2-40 所示。

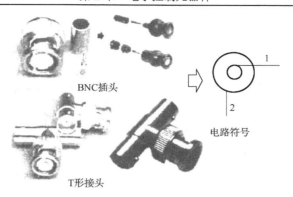

图 2-40　常见的 BNC 插头和 T 形接头的外形图

4. RJ-45 插头/插座

　　RJ-45 插头是一种只能沿固定方向插入并防止自动脱落的塑料接头，因为它的外表晶莹透亮，故俗称"水晶头"，专业术语为 RJ-45 连接器(RJ-45 是一种网络接口规范)。与 RJ-45 插头对应的插座则为 RJ-45 插座(又称为 RJ-45 接口)。

　　RJ-45 插头通常用来连接非屏蔽双绞线，每条双绞线两头都必须通过安装 RJ-45 插头才能与网卡和交换机相连接。

　　RJ-45 插头主要应用在网卡、集线器或交换机上进行网络通信。通常情况下，RJ-45 插头的一端连接在网卡上的 RJ-45 接口，另一端连接在集成器或交换机上。常见的 RJ-45 插头/插座外形如图 2-41 所示。

5. 香蕉插头/插座

　　香蕉插头/插座是一种单引线插头/插座，通常应用在需要频繁插拔的设备上，如万用表的测量表笔、音响信号输入线。在香蕉插头中有绝缘处理与非绝缘处理两种类型。进行绝缘处理后的香蕉插头的金属部分被绝缘体覆盖，如万用表的表笔接头。常见的香蕉插头/插座外形如图 2-42 所示。

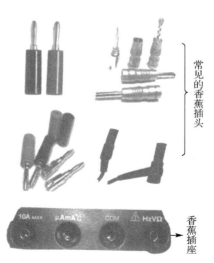

图 2-41　常见的 RJ-45 插头/插座外形图　　　图 2-42　常见的香蕉插头/插座外形图

6. 焊接式接线座

焊接式接线座是一种可以焊接在印制电路板上的大电流接插件，主要应用在输出电流较大的电路中，如自动控制电路、电能表。

焊接式接线座通常与 O 形接线端子配合使用，需要连接时，要先把焊接式接线座上相应连接端的固定螺钉拧下，然后把 O 形接线端子压在螺钉下拧紧即可。在有些焊接式接线座中有一个小孔，这样就可以不用 O 形接线端子进行连接，此时可以直接把需要连接的导线穿在这个孔中并拧紧螺钉即可。

常见的焊接式接线座外形如图 2-43 所示。

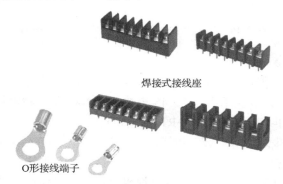

图 2-43 常见的焊接式接线座外形图

7. 电路板接插件

电路板接插件主要用来进行两块电路板之间的连接，这种接插件一般都是安装在印制电路板上的。常见的电路板接插件外形如图 2-44 所示。

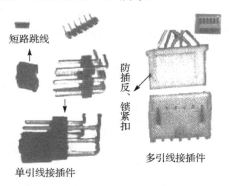

图 2-44 常见的电路板接插件外形图

电路板接插件又可以分为单引线接插件和多引线接插件。其中，单引线接插件可以按照需要进行组合，这种接插件通常与短路跳线(跳线帽)配合使用，用作选择开关。当短路跳线插在两个相邻的单引线接插件上时，这两个原本被彼此断开的单引线接插件就会接通。因此，单引线接插件主要用在需要采用开关对频率、电流、电压等参数进行反复调整的电路中。

多引线接插件主要用来进行电路连接。为了防止插错方向，这种接插件通常采用非对称设计(插头只能用一个方向和位置插入插座中)。所以这种插头插入插座中，若要拔下来，需要先压下用来防止插反并起固定作用的倒扣，然后稍用力向上提起插头才能取下。

8. 转换插头

转换插头是一种对输入/输出插头类型(如立体声转 USB)进行转换的接插件。常见的转换插头外形如图 2-45 所示。

图 2-45　常见的转换插头外形图

2.8.3　保险元件

保险元件是一种保护电路设备和电器的元件，它串联或者并联在被保护设备和电器的电路中，当电路和设备过载、过压、过温时，保险元件将起到保护电器和电路的作用。

随着电子技术发展的需要，保险元件的种类越来越多，结构形式也越来越多样化。常用的保险元件按照被保护的物理量大致可以分成三类：过流保护元件、过压保护元件和过热保护元件。

1. 熔断器

熔断器是电路中最常用的过流保护元件。它的核心部分是保险丝，串联在被保护电器或电路面前，当电路过载或短路时，大电流就会将保险元器件熔断，从而起到保护电器的作用。

常见的熔断器有高压型保险丝管、延迟型保险丝管、可恢复型保险元件等，外形如图 2-46 所示。

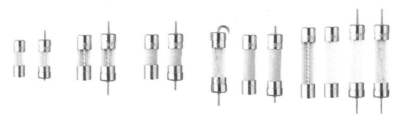

图 2-46　常见的保险丝外形图

2. 温度保险丝

温度保险丝属于过热保护元件，由铅、锡和铋等受热熔化的合金制成。将它串联在电热元器件电路中，当电热元器件温度过高时，通过其金属外壳传导，电源由于温度过高而熔断。温度保险丝通常安装在易发热的电子整机的变压器、功率管等元器件旁，如电动机、电吹风等。温度保险丝有多种规格，工作温度一般为 80~230℃，并直接标示在表面上。常见的温度保险丝外形如图 2-47 所示。

3. 压敏电阻

压敏电阻属于过压保护元件中最常见的一种，利用压敏电阻的非线性特性，当过电压出现在压敏电阻的两极间，压敏电阻可以将电压钳位到一个相对固定的电压值，从而实现对后级电路的保护。

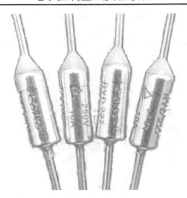

图 2-47　常见的温度保险丝外形图

　　压敏电阻规格多、价格低廉，能广泛用于各种级别的过压保护和防雷保护；安全、耐冲击电流很强，过压攻击后能迅速恢复初始状态，使用寿命长。在电路正常工作时，压敏电阻器呈断路状态；压敏电阻启动后，两端的电压低于电路电压允许的最高值。

　　常见的压敏电阻外形如图 2-48 所示。

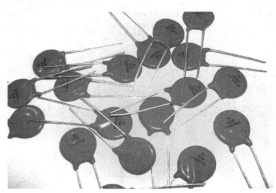

图 2-48　常见的压敏电阻外形图

思 考 题

1．请写出下列电阻的阻值：Ω7、5K1、104、1002、473。

2．请写出下列电容的大小：430、R47μF、103、228、470。

3．根据工作频率的不同，变压器可分为哪几类？

4．什么是二极管的单向导电性？

5．PNP 型三极管与 NPN 型三极管的区别是什么？

6．集成运算放大器有哪几类？

7．液晶显示屏 LCD1602 与 LCD12864 的区别是什么？

8．LED 数码管的共阴极和共阳极连接方式有什么不同？

9．常见的保险元件都有哪些？分别属于哪一类保险元件？

第3章 电子控制基础电路

利用集成运算放大器(简称集成运放)工作在线性区的特点及输入、输出电压之间的关系，外接不同的元件形成反馈网络就可以实现多种数学运算，灵活地实现各种特定的函数运算关系等。

3.1 基本运算电路

3.1.1 放大器基本放大电路

比例电路是将输入信号按照一定比例放大的电路，根据输入信号接入输入端的不同，可以分为同相比例放大电路和反相比例放大电路等。

1. 同相比例放大电路

同相比例放大电路中，输入信号接入同相输入端，电路如图 3-1 所示。

因为 $U_- = U_+ = U_I$，$I_{I-} = I_{I+} = 0$，所以

$$U_- = \frac{R_1}{R_1 + R_f}U_O \Rightarrow U_O = \left(1 + \frac{R_f}{R_1}\right)U_I \overset{\text{拉氏变换}}{\Rightarrow} U_O(s) = \left(1 + \frac{R_f}{R_1}\right)U_I(s)$$

由上式可以看出，通过改变比例系数 R_f / R_1 的值，就可以改变 U_O 的值，实现输出对输入的同极性比例放大。

同相比例放大电路的特点：①输入电阻高；②由于 $U_- = U_+ = U_I$（电路的共模输入信号高），因此集成运放的共模抑制比要求高。

2. 反相比例放大电路

反相比例放大电路中，输入信号接入反相输入端，电路如图 3-2 所示。

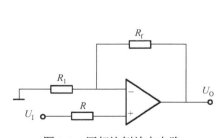

图 3-1 同相比例放大电路

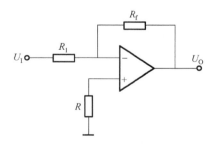

图 3-2 反相比例放大电路

因为 $U_- = U_+ = 0$，$I_{I-} = I_{I+} = 0$，所以

$$I_1 = \frac{U_I - U_-}{R_f} = \frac{U_I}{R_f} = I_f \Rightarrow U_O = -I_f R_f = -\frac{R_f}{R_1}U_I \overset{\text{拉氏变换}}{\Rightarrow} U_O(s) = -\frac{R_f}{R_1}U_I(s)$$

由上式可以看出，U_O 与 U_I 呈极性相反的比例关系，通过改变比例系数 R_f / R_1 的值，就可以实现输出对输入的反极性比例放大。

反向比例放大电路的特点：①输入电阻低，因此对输入信号的负载能力有一定的要求；②反向比例电路由于存在虚地，因此它的共模输入电压为零，它对集成运放的共模抑制比要求低。

3.1.2　加法、减法电路

加法、减法运算的代数方程式为 $y = k_1 x_1 + k_2 x_2 + k_3 x_3 + \cdots$，其电路模式为 $U_O = k_1 U_{I1} + k_2 U_{I2} + k_3 U_{I3} + \cdots$，加法、减法运算电路原理如图 3-3 所示。三个输入信号加在反相输入端，由于反相输入端有"虚地"关系，因此 $U_- = U_+ = 0$。

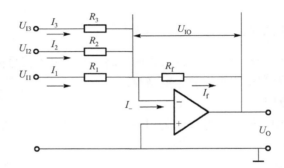

图 3-3　运算放大器加法、减法运算电路

各支路电流分别为

$$I_1 = \frac{U_{I1}}{R_1}, \quad I_2 = \frac{U_{I2}}{R_2}, \quad I_3 = \frac{U_{I3}}{R_3}, \quad I_f = -\frac{U_{IO}}{R_f}$$

由于虚断，$I_{I-} = 0$，则

$$I_f = I_1 + I_2 + I_3 \Rightarrow -\frac{U_O}{R_f} = \frac{U_{I1}}{R_I} + \frac{U_{I2}}{R_2} + \frac{U_{I3}}{R_3}$$

$$U_O = -\left(\frac{R_f}{R_I} U_{I1} + \frac{R_f}{R_2} U_{I2} + \frac{R_f}{R_3} U_{I3} \right) \overset{\text{拉氏变换}}{\Rightarrow} U_O(s) = -\left[\frac{R_f}{R_1} U_{I1}(s) + \frac{R_f}{R_2} U_{I2}(s) + \frac{R_f}{R_3} U_{I3}(s) \right]$$

$$y = k_1 x_1 + k_2 x_2 + k_3 x_3$$

$$k_1 = -\frac{R_f}{R_1}, \quad k_2 = -\frac{R_f}{R_2}, \quad k_3 = -\frac{R_f}{R_3}$$

当 $R_1 = R_2 = R_3 = R_f$ 时：

$$U_O = -\frac{R_f}{R}(U_{I1} + U_{I2} + U_{I3})$$

当 $R_1 = R_2 = R_3 = R_f = R$ 时，$U_O = -(U_{I1} = U_{I2} = U_{I3})$，该式中比例系数为–1，因此，$R_1 = R_2 = R_3 = R_f = R$ 时实现加法运算。

为使两个输入端达到平衡，实际应用中，图 3-3 所示的电路的同相输入一般不直接接地，而是通过电阻接地，电路原理如图 3-4 所示。

输入与输出之间的关系为

$$U_O = -R_f \left(\frac{U_1}{R_1} + \frac{U_2}{R_2} + \frac{U_3}{R_3} \right)$$

平衡电阻 R_4 的取值为 $R_4 = R_1 // R_2 // R_3 // R_f$，即 R_4 等于所有输入端的电阻与反馈电阻的并联值。

当 $R_1 = R_2 = R_3 = R_f$ 时，把其中的部分输入接同相输入端，另一部分输入接反相输入端，即按图 3-5 连接，则得到加法、减法混合放大电路。输出与输入的关系为

$$U_O = U_1 + U_2 - U_3 - U_4$$

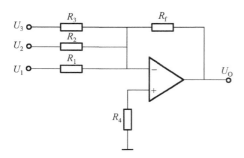

图 3-4　运算放大器加法、减法运算电路(改进型)

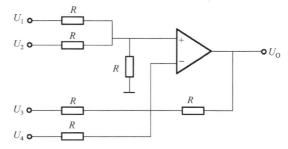

图 3-5　加法、减法混合放大电路

3.1.3　积分电路

积分运算是模拟计算机中的基本单元电路，数学模式为 $y = k \int x \mathrm{d}t$，电路模式为 $u_1 = k \int U_1 \mathrm{d}t$，电路原理如图 3-6 所示。

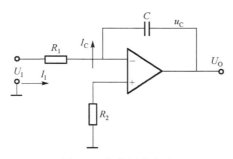

图 3-6　积分运算电路

在图 3-4 所示电路中，相当于是将反相放大器中的反馈电阻 R_f 换成电容 C，就成了积分电路。电容 C 两端的电压 U_C、输出电压 U_O 与输入电压 U_I 之间的关系满足以下关系：

$$U_C = \frac{1}{C} \int I_C \mathrm{d}t, \quad U_O = -U_C, \quad I_1 = I_f = I_C = \frac{U_I}{R_I}$$

$$U_{\mathrm{O}} = -\frac{1}{R_{\mathrm{I}}C}\int U_{\mathrm{I}}\mathrm{d}t \overset{\text{拉氏变换}}{\Rightarrow} U_{\mathrm{O}}(s) = -\frac{1}{R_{\mathrm{I}}Cs}U_{\mathrm{I}}(s)$$

由上式可以看出，该电路可以实现积分运算。

3.1.4　微分电路

微分运算是积分运算的反运算。将积分运算电路中的电阻、电容互换位置就可以实现微分运算，电路原理如图 3-7 所示。

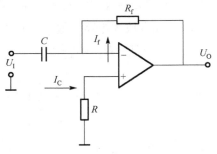

图 3-7　微分运算电路

由于 $U_{+} = 0$ ， $I_{\mathrm{I}}' = 0$ ，则

$$I_{\mathrm{C}} = I_{\mathrm{f}}, \quad I_{\mathrm{C}} = I_{\mathrm{f}} = C\frac{\mathrm{d}U_{\mathrm{C}}}{\mathrm{d}t} = C\frac{\mathrm{d}U_{\mathrm{I}}}{\mathrm{d}t}$$

$$U_{\mathrm{O}} = -I_{\mathrm{f}}R_{\mathrm{f}} = -I_{\mathrm{C}}R_{\mathrm{f}} = -R_{\mathrm{f}}C\frac{\mathrm{d}U_{\mathrm{I}}}{\mathrm{d}t} \overset{\text{拉氏变换}}{\Rightarrow} U_{\mathrm{O}}(s) = -R_{\mathrm{f}}CsU_{\mathrm{I}}(s)$$

由上式可以看出，输入信号 U_{I} 与输出信号 U_{O} 为微分关系，即实现了微分运算。负号表示输出信号与输入信号反相，$R_{\mathrm{f}}C$ 为微分时间常数，数值越大，微分作用越强。

3.1.5　比例积分电路

比例积分电路是由比例电路与积分电路合成得到的，其电路图如图 3-8 所示。

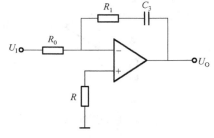

图 3-8　比例积分电路

由 3.1.1 节及 3.1.3 节中电路原理可推出比例积分电路的输入输出关系为

$$U_{\mathrm{O}} = -\left(\frac{R_{\mathrm{f}}}{R_{1}}U_{\mathrm{I}} + \frac{1}{R_{\mathrm{I}}C}\int U_{\mathrm{I}}\mathrm{d}t\right) \overset{\text{拉氏变换}}{\Rightarrow} U_{\mathrm{O}}(s) = -\left(\frac{R_{1}}{R_{0}} + \frac{1}{R_{0}Cs}\right)U_{\mathrm{I}}(s)$$

3.1.6　比例微分电路

比例微分电路是由比例电路与微分电路合成得到的，其电路图如图 3-9 所示。

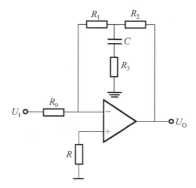

图 3-9　比例微分电路

由 3.1.1 节及 3.1.4 节中电路原理可推出比例微分电路的输入输出关系为

$$U_\mathrm{O} = -\frac{R_1 + R_2}{R_0}\left(U_\mathrm{I} + \frac{R_1 R_2}{R_1 + R_2}\frac{C}{R_3 C + \int U_\mathrm{I}\mathrm{d}t}\right)\overset{\text{拉氏变换}}{\Longrightarrow}U_\mathrm{O}(s) = -\frac{R_1 + R_2}{R_0}\left(1 + \frac{R_1 R_2}{R_1 + R_2}\frac{Cs}{R_3 Cs + 1}\right)U_\mathrm{I}(s)$$

考虑到 $R_3 \ll R_1 \ll R_2$，所以

$$U_\mathrm{O}(s) \approx -\frac{R_1 + R_2}{R_0}\left(1 + \frac{R_1 R_2}{R_1 + R_2}Cs\right)U_\mathrm{I}(s)$$

3.1.7　一阶惯性电路

一阶惯性电路是系统分析中常用的电路之一，系统由一个储能元件和一个耗能元件组成。最简单的一阶惯性电路如图 3-10 所示。

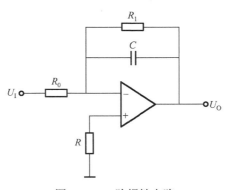

图 3-10　一阶惯性电路

通过电路分析，可以得出惯性电路的输入输出关系为

$$U_\mathrm{O}(s) = \frac{R_1 / R_0}{R_1 Cs + 1}U_\mathrm{I}(s)$$

3.1.8 比例积分微分电路

比例积分微分电路是比例电路与微分电路、积分电路合成得到的，其电路如图 3-11 所示。

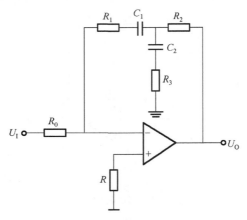

图 3-11 比例积分微分电路

由 3.1.1 节及 3.1.3 节、3.1.4 节中电路原理可推出比例积分微分电路的输入输出关系为

$$U_O = -\left(\frac{R_1 + R_2}{R_0} U_I + \frac{1}{R_0 C_1} \int U_I dt + \frac{R_2 C_2}{R_0 C_1} \frac{R_1 C_1 + \int U_I dt}{R_3 C_2 + \int U_I dt} \right)$$

$$\overset{\text{拉氏变换}}{\Rightarrow} U_O(s) = -\left(\frac{R_1 + R_2}{R_0} + \frac{1}{R_0 C_1 s} + \frac{R_2 C_2}{R_0 C_1} \frac{R_1 C_1 s + 1}{R_3 C_2 s + 1} \right) U_I(s)$$

考虑到 $R_1 \gg R_2 \gg R_3$，所以

$$U_O(s) = -\left(\frac{R_1}{R_0} + \frac{1}{R_0 C_1 s} + \frac{R_1 R_2}{R_0} C_2 s \right) U_I(s)$$

3.2 滤 波 器

3.2.1 一阶有源滤波器

1. 一阶有源低通滤波器

一阶有源低通滤波器的电路原理如图 3-12 所示。

图 3-12 所示电路的运算关系及幅频特性为：低频截止频率为 $f_L = \dfrac{1}{2\pi R_1 C_1}$；低频段电压增益为 $A_L = R_3 / R_1$。

2. 一阶有源高通滤波器

一阶有源高通滤波器的电路原理如图 3-13 所示，其幅频特性图见图 3-14。

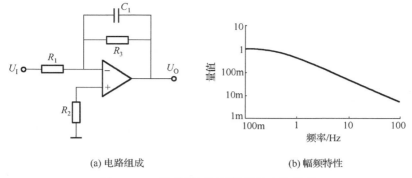

(a) 电路组成　　　　　　　　　　(b) 幅频特性

图 3-12　一阶有源低通滤波器的电路原理

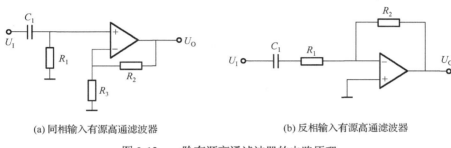

(a) 同相输入有源高通滤波器　　　　　　　(b) 反相输入有源高通滤波器

图 3-13　一阶有源高通滤波器的电路原理

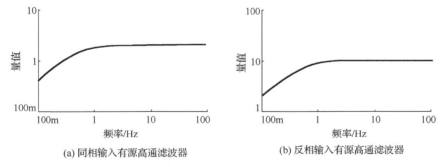

(a) 同相输入有源高通滤波器　　　　　　　(b) 反相输入有源高通滤波器

图 3-14　一阶有源高通滤波电路幅频特性图

滤波器的传输函数为

$$A(s) = \frac{1 + \dfrac{R_2}{R_3}}{1 + \dfrac{1}{\omega_C R_1 C_1}\dfrac{1}{s}} \qquad [见图 3-13(a)]$$

$$A(s) = \frac{1 + \dfrac{R_2}{R_1}}{1 + \dfrac{1}{\omega_C R_1 C_1}\dfrac{1}{s}} \qquad [见图 3-13(b)]$$

式中，ω_C 为-3dB 处的角频率。

截止频率为

$$\omega_{O} = \frac{1}{R_1 C_1} \quad 或 \quad f_O = \frac{1}{2\pi R_1 C_1}$$

3.2.2　二阶有源低通滤波器

图 3-15 所示为二阶有源低通滤波器的基本结构与电路原理，电路由两个运放及两对 RC 组成，当取 $R_1 = R_2$、$C_1 = C_2$ 时，$f = 1/(2\pi R_1 C_1)$。电路对应的幅频特性图见图 3-16。

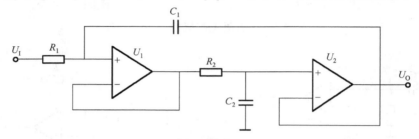

图 3-15　二阶有源低通滤波器的电路原理

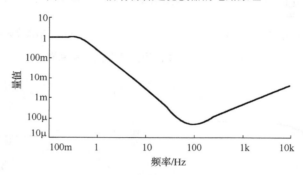

图 3-16　二阶有源低通滤波器幅频特性图

3.3　信号发生电路

3.3.1　电压比较器

电压比较器主要用于电压检测。当输入电压高于或低于某一预先设定的阈值电压时，输出电压就变成高电压或低电压。

图 3-17(a) 所示电路为简单的单限(只设置了一个比较电压 U_R，若设置两个比较电压，则称为双限比较器)电压比较器，也叫阈值比较器，U_R 称为阈值电平或基准电压，输入电压高于或低于该阈值电压，比较器的输出状态就发生翻转。反相输入端接输入信号 U_I，同相输入端接基准电压 U_R。当 $U_I < U_R$ 时，输出为高电位 $+U_{OM}$；当 $U_I > U_R$ 时，输出为低电位 $-U_{OM}$。$+U_{OM}$、$-U_{OM}$ 的数值分别接近于电源电压 $+U_{CC}$、$-U_{SS}$。传输特性如图 3-17(b) 所示。

由图 3-17 可见，只要输入电压在基准电压 U_R 上下发生微小的变化时，输出电压 U_O 就在负的最大值或正的最大值之间发生变化。

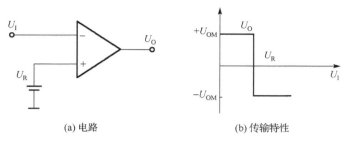

(a) 电路   (b) 传输特性

图 3-17 单限电压比较器

当 $U_R = 0$，即运放 (+) 端接地时，图 3-17 所示电路成为零比较器。零比较器可用于波形变换等。例如，比较器的输入电压 U_I 为正弦波，$U_R = 0$ 时，正弦波每过零一次，输出状态就要翻转一次，如图 3-18 所示。对于图 3-17 所示电压比较器，若 $U_R = 0$，当 U_I 在正半周时，由于 $U_I > 0$，则 $U_O = -U_{OM}$，负半周时，$U_I < 0$，则 $U_O = +U_{OM}$。若 U_R 为一恒压，只要输入电压在基准电压 U_R 处稍有正负变化，输出电压 U_O 就在负的最大值到正的最大值之间相应的变化。

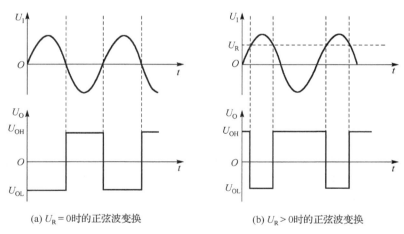

(a) $U_R = 0$时的正弦波变换   (b) $U_R > 0$时的正弦波变换

图 3-18 电压比较器波形变换

3.3.2 方波发生电路

图 3-19 所示为运算放大器设计的 500Hz～5kHz 方波发生器电路。运算放大器通过 R、C 的充放电过程形成振荡而产生方波，因此，振荡频率主要由 RC 决定。R_3～R_5 设置运算放大器的偏置和增益，R_4 调节运算放大器的增益，同时调节振荡器的输出幅度。R_1 则调节输出频率范围。电路产生的方波如图 3-20 所示。

在电路中，滑动变阻器 R_6 的大小决定输出方波的幅值大小，滑动变阻器 R_4 的大小决定输出方波的频率。

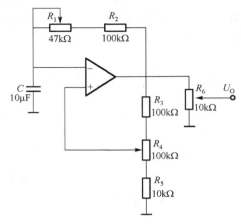

图 3-19　方波发生电路

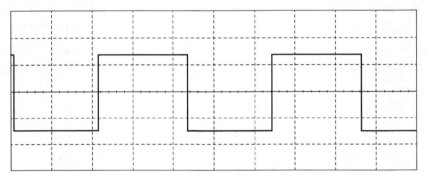

图 3-20　输出方波图像

3.3.3　锯齿波发生电路

图 3-21 所示为运算放大器设计的锯齿波发生器电路，运算放大器 U_1 构成门限检测，U_2 构成积分器。U_2 对输入电流积分，积分后输出的电流经过 R_5 反馈，送 U_1 进行比较。U_1 的功能相当于施密特触发器，由于 R_1、R_2 的作用，输入输出会产生一定回差；R_1、R_2 还调节 U_1 的增益，使输出波形的幅度发生改变；R_3 调节积分电流的快慢，而改变输出锯齿波信号的频率。电路产生的锯齿波如图 3-22 所示。

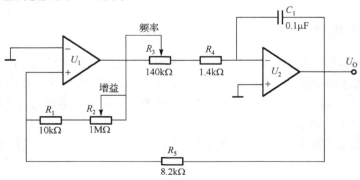

图 3-21　锯齿波发生器电路

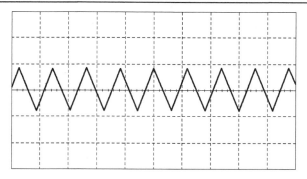

图 3-22　输出锯齿波图像

　　在电路中，滑动变阻器 R_2 的阻值大小决定输出锯齿波的幅值(增益)，滑动变阻器 R_3 的阻值大小决定输出锯齿波的频率，同时还与输出信号的稳定性有关，当 R_3 阻值过大时，输出信号的波形会发生失真。

3.4　逻辑电路

　　逻辑门电路是数字电路中最基本的逻辑元件。所谓门就是一种开关，它能按照一定的条件去控制信号的通过或不通过。门电路的输入和输出之间存在一定的逻辑关系(因果关系)，所以门电路又称为逻辑门电路。

　　基本逻辑关系为与、或、非三种。复合逻辑是指用两个以上基本运算构成的逻辑运算，包括与非、或非、异或和同或运算等。

3.4.1　与电路

　　与门电路利用内部结构，使输入两个高电平(1)，输出高电平(1)，不满足有两个高电平(1)则输出低电平(0)。与门的逻辑符号如图 3-23 所示，其真值表如表 3-1 所示。

图 3-23　与门逻辑符号

表 3-1　与门电路真值表

A	B	Y
0	0	0
0	1	0
1	0	0
1	1	1

3.4.2　或电路

　　或门电路利用内部结构，使输入至少一个输入高电平(1)，输出高电平(1)，只有输入都为低电平(0)时才输出低电平(0)。或门的逻辑符号如图 3-24 所示，其真值表如表 3-2 所示。

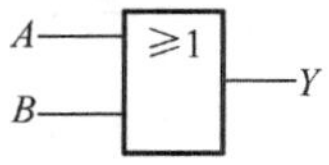

图 3-24　或门逻辑符号

表 3-2　或门电路真值表

A	B	Y
0	0	0
0	1	1
1	0	1
1	1	1

3.4.3　非电路

非门电路利用内部结构，使输入的电平变成相反的电平，高电平(1)变低电平(0)，低电平(0)变高电平(1)。非门的逻辑符号如图 3-25 所示，其真值表如表 3-3 所示。

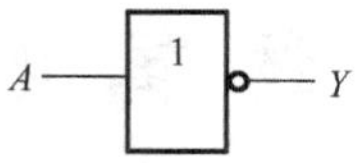

图 3-25　非门逻辑符号

表 3-3　非门电路真值表

A	Y
0	1
1	0

3.4.4　与非电路

与非门电路利用内部结构，使输入至多一个输入高电平(1)，输出高电平(1)，不满足有两个高电平(1)输出高电平(1)。与非门的逻辑符号如图 3-26 所示，其真值表如表 3-4 所示。

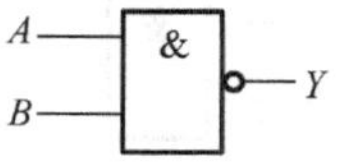

图 3-26　与非门逻辑符号

表 3-4　与非门电路真值表

A	B	Y
0	0	1
0	1	1
1	0	1
1	1	0

3.4.5　或非电路

或非门电路利用内部结构，使输入两个输入低电平(0)，输出高电平(1)，不满足有至少一个高电平(1)输出高电平(1)。或非门的逻辑符号如图 3-27 所示，其真值表如表 3-5 所示。

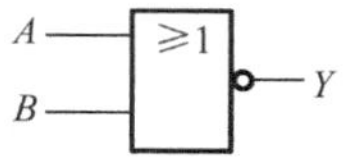

图 3-27　或非门逻辑符号

表 3-5　或非门电路真值表

A	B	Y
0	0	1
0	1	0
1	0	0
1	1	0

3.4.6　异或电路

异或门电路当输入端同时处于低电平(0)或高电平(1)时，输出端输出低电平(0)，当输入端一个为高电平(1)，另一个为低电平(0)时，输出端输出高电平(1)。异或门的逻辑符号如图 3-28 所示，其真值表如表 3-6 所示。

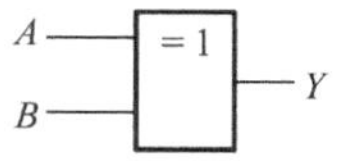

图 3-28　异或门逻辑符号

表 3-6　异或门电路真值表

A	B	Y
0	0	0
0	1	1
1	0	1
1	1	0

3.4.7　同或电路

同或门电路当输入端同时输入低电平(0)或高电平(1)时，输出端输出高电平(1)，当输入端一个为高电平(1)，另一个为低电平(0)时，输出端输出低电平(0)。同或门的逻辑符号如图 3-29 所示，其真值表如表 3-7 所示。

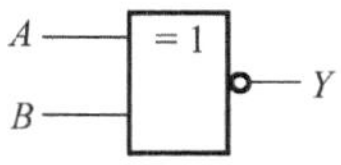

图 3-29　同或门逻辑符号

表 3-7　同或门电路真值表

A	B	Y
0	0	1
0	1	0
1	0	0
1	1	1

3.5 集成电源稳压器

集成电源稳压器是将调整管、稳压管和取样放大管等制作在一块芯片上，具有外接线路简单、可靠性高、使用方便、体积小等优点。目前使用较多的有我国生产的 W7800 系列和 W7900 系列，美国的 LM317、LM337、μA7800 和 μA7900 系列普通集成稳压器，以及意大利的 78S00 和 79S00 系列高稳定度的集成稳压器等。图 3-30 是常用的集成稳压器外形，它们都有 3 条引脚，所以统称为三端集成稳压器。常用的集成稳压器有以下几种。

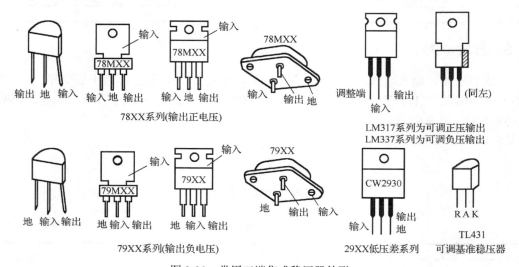

图 3-30　常用三端集成稳压器外形

3.5.1　三端集成稳压器 78XX 系列

此系列三端稳压器型号为 78XX，输出正极性电压，输出电流 1A。78XX 系列的三端稳压器主要型号有 7805、7812、7815、7824 等，它们对应的输出电压分别是+5V、+12V、+15V 及+24V。图 3-31 是它的典型应用电路。

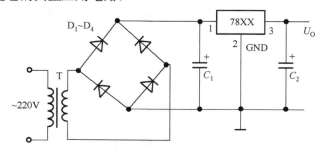

图 3-31　78XX 系列三端稳压器主要应用电路

3.5.2　三端集成稳压器 79XX 系列

此系列稳压集成器型号为 79XX，应用电路形式与 78XX 系列相似，但输入端接负极性电压，输出的也是负极性电压。它的其他性能指标甚至外形都与 78XX 系列相同，但两者引脚排列位置不同。79XX 系列的稳压集成器型号主要有 7905、7912、7915、7924 等，它们对应的输出电压分别是–5V、–12V、–15V 及–24V。

3.5.3　可调输出稳压集成器

可调三端稳压器也有正电压输出及负电压输出两种，常用型号是 LM317 和 LM337 等。其中 LM317 输出电流 1A，最大为 1.5A。输出电压在+1.25～+37V 内连续可调。LM337 的输出电流值与 LM317 相同，输出电压值在–37～–1.25V 内可调。

LM317 和 LM337 的外形与 78XX 系列稳压电路相似，但两者引脚排列方式不同。图 3-32 是 LM317 的基本应用电路，它对其他同类型号的稳压器也适用。图中 R_1 为取样电阻，R_P 为可调电阻，当 R_P 调到零时，相当于 R_P 下端接地，此时输出电压 $U_O = 1.25V$。如果将 R_P 下调，随着其阻值的增大，U_O 也不断升高，但最大不得超过极限值 37V。

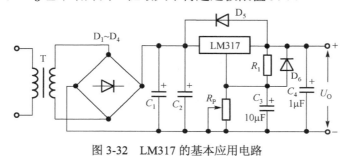

图 3-32　LM317 的基本应用电路

思　考　题

1．绘制同相和反相比例放大电路图，并写出输出电压公式。
2．写出标准积分电路、微分电路输出信号的拉氏变换公式。
3．仅使用反相放大电路，设计一个的放大电路 $U_O = KU_I$ 的放大电路。
4．设计一个仅允许 500Hz 以下频率信号通过的一阶有源滤波器。
5．设计一个仅允许 2kHz 以上频率信号通过的一阶有源滤波器。
6．设计一个能够产生频率为 2kHz 方波的信号发射电路。
7．分别写出与非电路、或非电路、异或电路、同或电路的真值表。
8．7805 型和 7924 型三端集成稳压器的输出电压分别为多少？

第 4 章　自动控制原理实验

本课程为机电大类专业基础平台内的专业主干课程，授课对象是机电大类专业的本科生。主要任务是了解自动控制系统的基本概念，区分开环与闭环控制系统；能够熟练建立机电系统的微分方程、传递函数这两种形式的数学模型，掌握复杂系统动态结构图的化简，以及用信号流图来描述系统的方法及其简化原则；理解系统时域分析的基本概念，熟练求解一阶和二阶系统的响应，深刻理解系统稳定性的基本概念，掌握 Routh 稳定性判据的基本思想，熟练求解系统的稳态误差；掌握典型系统根轨迹的绘制原则；深刻理解频率法的基本概念，熟练掌握典型环节频率特性的绘制方法，重点掌握系统暂态特性和开环频率特性的关系。理解控制系统校正的一般概念，熟练掌握系统的串联校正、并联校正和前馈校正等补偿方法。本课程是一门理论性和实践性都很强的课程，是相关专业重要的专业基础课。本课程通过加强实践环节的训练，着重培养学生的理论和实践结合的能力，使学生在面对实际问题时，能够站在系统的角度来思考，为后续课程、毕业设计以及将来参加实际工作奠定基础。

本章主要介绍"自动控制原理"课程的 7 个基础实验和 3 个综合实验。7 个基础实验分别为典型环节的模拟研究、典型系统的瞬态响应和稳定性、数值模拟、动态系统的频率特性、动态系统的校正、典型非线性环节和典型非线性系统分析；3 个综合实验分别为直流电机的速度控制系统、温度控制系统和水箱水位的控制系统。

4.1　自动控制原理实验基础知识

4.1.1　自动控制原理的实验概述

所谓自动控制，就是指在没有人直接参与的情况下，利用控制器使被控对象(如机器、设备和生产过程)的某些物理量(或工作状态)能自动地按照预定的规律变化(或运行)。完成这一过程的所有元件与装置组成的整体就称为自动控制系统。控制理论则是研究控制系统性能分析及其设计的原理和方法。

1.　自动控制系统的组成

自动控制的基本方式有三种：开环控制、闭环控制及将二者结合的复合控制。每种控制方式都有各自的特点及不同的适用场合。其中闭环控制系统又称为反馈控制系统，它构成了控制系统的主体，是本章主要的研究对象。闭环控制系统的方框图如图 4-1 所示。

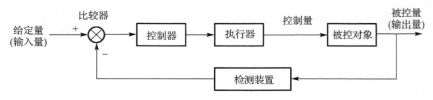

图 4-1　闭环控制系统的方框图

图 4-1 中的各单元作用如下。

（1）给定量：给出与期望输出对应的输入量。

（2）比较器：求输入量与反馈量的偏差，常采用集成运放来实现。

（3）控制器：一般包括放大元件和校正元件，使结构与参数便于调整的元件，以串联或反馈的方式连接在系统中，完成所需的运算功能，以改善系统的性能。

（4）执行器：直接推动被控对象，使输出量发生变化。常用的有电动机、阀、液压马达等。

（5）检测装置：检测被控的物理量并转换为所需要的信号。

综上所述可以看到，由输入到输出的通道称为前向通道，由输出经反馈到输入的通道称为反馈通道。比较器的正负符号表示输入与反馈的极性，正号可以不画。若反馈信号的极性与输入相反，则称为负反馈；若二者极性相同，则称为正反馈。只有在负反馈的情况下，系统才对各种扰动及元件参数的变化具有调节作用。一般情况下，提到反馈时都是指负反馈。反馈控制方式是按偏差进行控制的，其特点是对反馈环内前向通道上的各种扰动都具有控制作用。优点就是有较高的精度，缺点是结构复杂，系统的分析与设计也比较麻烦。

2. 控制系统性能的基本要求

在工程应用中，常常从稳、快、准三方面来评价控制系统的总体性能。

稳即指稳定性，是自动控制系统首要考虑的问题。具体来说，若系统输出偏离了预期值，随着时间的推移，偏差应逐渐减小并趋于零，则为稳定的系统。

快即指过渡过程的快速性。若过渡过程持续的时间很长，说明系统响应很迟钝，难以跟踪复现快速变化的信号。稳与快反映了系统过渡过程中的性能，属于动态性能指标。

准即指准确性，反映系统的稳态性能。过渡过程结束后，系统的输出与期望值的差值称为稳态误差。理想的情况是当时间趋于无穷时，稳态误差为零。然而在实际系统中，由于系统结构、外作用的形式及非线性因素的影响，稳态误差一般总是存在的。

3. 本实验课程的主要目的

本课程将紧密地和控制原理相联系，不仅使学生更进一步地理解自动控制的理论，还将学习一些研究自动控制的实验方法。通过实验，掌握控制系统中各环节的动态特性，进而在时域和频域中，掌握通过实验数据和图像进行动态、静态性能以及稳定性分析方法。并可以通过添加校正装置改善系统的性能。在基础实验的基础上，通过提出对具体控制对象的控制要求，设计控制系统，完成控制要求，使理论和实际有效地融合起来。

4.1.2　自动控制原理实验的基础知识

1. 时域分析

所谓控制系统时域分析方法，就是给控制系统施加一个特定的输入信号，通过分析控制系统的输出响应对系统的性能进行分析。由于系统的输出变量一般是时间 t 的函数，故称这种响应为时域响应，这种分析方法为时域分析法。在实验中，要求学生学会实验数据的获取和图像的生成，掌握读取下面所介绍的性能指标和分析方法。

任何一个稳定的线性控制系统，在输入信号作用下的时间响应都由动态响应（或瞬态响应、暂态响应）和稳态响应两部分组成。动态响应描述了系统的动态性能，而稳态响应反映了系统的稳态精度。动态响应又称为瞬态响应或过渡过程，指系统在输入信号作用下，系统从初始状态到最终状态的响应过程。稳态响应是指当 t 趋于无穷大时系统的输出状态。自动控制系统在输入信号作用下的性能指标，通常由稳态性能指标和动态性能指标两部分组成。稳态性能指标有稳态误差，动态性能指标主要有上升时间、峰值时间、调节时间、超调量。它们均可以通过控制系统的单位阶跃响应曲线来读取。控制系统的单位阶跃响应曲线的典型形状如图 4-2 所示。各项动态性能指标如图 4-2 所示。

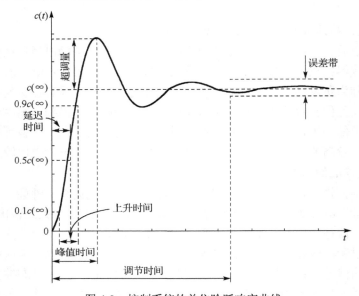

图 4-2　控制系统的单位阶跃响应曲线

　　（1）上升时间：指响应曲线首次从稳态值的 10%过渡到 90%所需的时间；对于有振荡的系统，也可定义为响应曲线从零首次达到稳态值所需的时间。上升时间是系统响应速度的一种度量。上升时间越短，响应速度越快。

　　（2）峰值时间：指响应曲线第一次达到峰点的时间。

　　（3）调节时间：指响应曲线最后进入偏离稳态值的误差为±5%（也有取±2%）的范围并且不再越出这个范围的时间。

　　（4）超调量：响应曲线第一次越过稳态值达到峰值时，越过部分的幅度与稳态值之比称为超调量。

2. 频域分析

　　频域分析法是从工程应用的角度出发，不必求解微分方程就可以预示出系统的性能。同时，又能指出如何调整系统参数来得到预期的性能技术指标。

　　研究发现，线性定常系统（或环节）在正弦输入信号的作用下，稳态输出与输入的复数比与输入信号的角频率有关系，将稳态输出与输入的复数比叫作系统（或环节）的频率特性，记为 $G(j\omega)$。

1）频率特性的测取方法

　　在对系统分析之前，首先应求取系统的频率特性。频率特性可以按定义、解析法和实验法三种方法来求取。实验法就是给已知系统输入频率变化的正弦信号，记录各个频率对应输入信号和输出信号的幅值以及它们的相位差，即可得到系统的频率特性。这种方法先绘出系统的频率特性曲线，然后根据特性曲线分析系统的性能，并可求出数学模型。

2) 频率特性的几何表示法

频率特性可以用图形表示，根据系统的频率特性图能够对系统的性能作出相当明确的判断，并可找出改善系统性能的途径，从而建立一套分析和设计系统的图解分析方法，这就是控制理论中的频率特性法，也称频域法，这种方法在控制工程中已得到非常广泛的应用。

频率特性常采用三种图示表达形式：极坐标图或称奈奎斯特(Nyquist)图、对数坐标图或称伯德(Bode)图和对数幅相图或称尼科尔斯(Nichols)图。这里重点介绍对数频率特性图的相关方法。在半对数坐标系中，表示频率特性的对数幅值 $20\lg A(\omega)$ 与频率 ω，相位 $\phi(\omega)$ 与 ω 之间关系的曲线图称为对数频率特性图，也称对数坐标图或伯德图。因此，对数频率特性图由对数幅频特性和对数相频特性两张图组成。对数幅频特性图的纵坐标为 $20\lg A(\omega)$，常用 $L(\omega)$ 表示，单位为分贝(dB)，对数相频特性图的纵坐标为角度(°)。两张图的纵坐标均按线性分度，横坐标则以频率 ω 的自然对数值标注，但采用 $\lg\omega$ 刻度分布，单位为弧度/秒(rad/s)，如图 4-3 所示。可以看出，横坐标对频率 ω 是不均匀的，但对 $\lg\omega$ 却是均匀的。当频率按十倍变化时，在 $\lg\omega$ 横坐标轴上的长度变化一个单位，称为一个十倍频程，以 dec(decade)表示。由于实际应用时，横坐标标注频率的自然值，并不是频率的对数值，所以对数频率特性图又称半对数坐标图，常称伯德图。

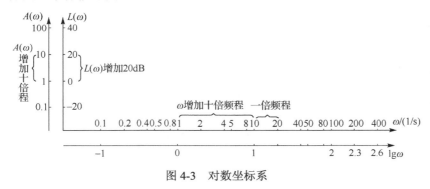

图 4-3　对数坐标系

4.2　自控原理实验设备简介

4.2.1　自动原理实验箱

自控原理实验设备的原理图见图 4-4，其由以下几个部分组成：电源部分、模拟运算单元部分、CAE-98 接口部分、幅度调节部分(阶跃信号)、测量显示部分。

1. 电源

电源在图 4-4 所示设备原理图的左上角。220V 的交流电压给学习机供电，学习机内部有变压器及集成稳压电路将 220V 的交流电转变成学习机可以使用的±15V(±12V)的直流电压。这样，当接通电源开关时，操作面板的左侧相应的插孔即有±15V 的电压值，对应的 LED 指示灯亮。本机的±15V(±12V)的稳压电压只供本机使用，不能供其他机器使用。

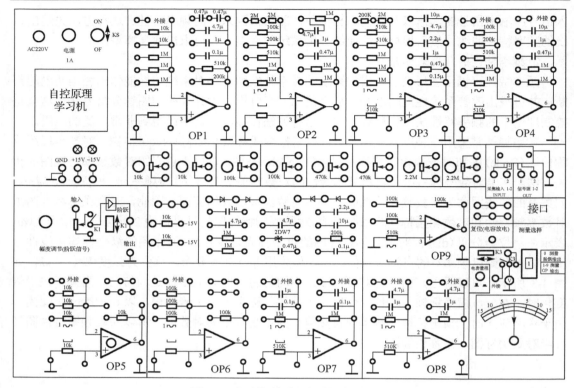

图 4-4　自动控制原理实验设备原理图

2. 模拟运算单元

电路原理图中正方形块中右下角标有 **OP** 的是模拟运算单元，共有 9 个。本机的模拟运算单元采用进口高精度的运算放大器 OP07，它具有高增益，输入的失调电压、电流较一般的产品小，由它组成的加法器、积分器的零点和积分漂移较小等特点。由原理图可见，由 OP07 运算放大器组成的运算部件有：8 个配置了一些常用的电阻、电容的运算放大器单元(OP1～OP8)和 1 个反向器单元(OP9)，这 8 个运算放大器单元在反馈回路和输入回路提供了一些外接插孔，可连接配置的和外接的电阻、电容来组成所需的各种运算回路，但是每个运算放大器的接线安排有所不同，其中 OP1、OP2 运放单元方便实现加法器、惯性环节等，OP3、OP4 运放单元方便实现积分器、惯性环节，OP5、OP6 运放单元方便实现其他外接较多的电路，OP7、OP8 运放单元方便实现 PID 调节器的功能。同时在运算放大器的同相端，除了接了固定的电阻外也安排了一对外接插口，供使用者调整补偿电阻进一步减少漂移而引起的输出误差。

在原理图中间部分，提供了一些无源的电阻、电容和一些二极管等非线性环节，可以供所有的 8 个运算放大器使用，也可以用于组成饱和、死区和迟滞回路等非线性回路。

在原理图最右边的中间偏下部分，有一个复位按钮，其作用是给各个运算放大器回路中的电容放电。当每个运算放大器回路进行第二次运算前，按"复位"键，使每个积分器反馈回路中的电容都放电。需要注意的是，若反馈回路中只有电容，则放电很快就可以完成。若反馈回路中，既有电阻又有电容，则放电就较慢，需要按住按钮一段时间，直到运算放大器回路的输出为零，才完成放电。

3. 通信接口

原理图最右边正中间的部位是通信接口，标有采集输入和信号源。通信接口指的是电路箱和计算机相联系的接口。计算机中装有与学习机相配套的硬件和软件，这些硬件和软件配合有两大功能，一是可以作为信号源产生信号，如阶跃信号、正余弦等，二是可以作为显示器来显示曲线，显示什么曲线取决于所接采集输入的信号，采集输入接的是什么信号，计算机上显示的就是什么信号。原理图上的接口可以分为两部分，一部分是采集输入，连接该部分的信号可以在计算机中显示，因而一般将实验回路的输入和输出连接进来。另一部分是两路信号源，可以给学习机的实验提供信号源，只有在动态系统的频率特性研究实验中会用到正弦信号。

4. 阶跃信号

电路原理图最左边中间部分是产生阶跃信号的电路。该部分接入电源电压信号，通过旋转电位器将电压调节到需要的电压，通过开关的闭合和断开产生阶跃信号。

5. 测量显示部分

原理图右下方是测量显示部分。在面板的右下方有一个电压表，它的上方有测量选择，可以通过电压表显示运算放大器的输出。当测量选择中的 K3 拨向右方时，电压表上所指示的电压值为拨码盘上数码所选定的运算放大器的输出电压值。当拨码盘为 0 时，电压表上所指示是阶跃信号的输出。K3 拨向左边时电压表显示的是在外接端连接的电压值。电压表有两个量程，一般情况下，当电压表的量程为±15V 时，可以显示各运算放大器的输出。当电压表的量程为±1.5V 时，用来测量各运算放大器放电时输出是否为零。

6. 注意事项

(1)熟悉本机的原理和结构，以及面板控制开关、旋钮的作用。

(2)检查电源电压应符合 AC220V/±10%的范围。

(3)清理面板上的连线，将不用的线拔出，特别是±15V 插孔不能接地，以防烧坏电源。

(4)插头为自锁紧式，插头插入后顺时针方向旋转一定角度即可锁紧，拔出时需要逆时针方向旋转后方可拔出，严禁拉着导线拔出。

(5)仪器不使用时应拔去电源线，盖好机箱。

4.2.2　THDAQ-PCI 计算机辅助实验系统

THDAQ-PCI 计算机辅助实验系统，是以 PC 为基础，配自动控制原理实验箱使用的新一代计算机辅助实验系统，是实验所用的软件。实验界面见图 4-5。

1. 硬件技术指标

(1)采集输入通道。双通道存储示波器(时域示波器)；AD 采样精度为 12 位；工作电压范围为−15～+15V；示波器显示时间为 0.008～50s。

(2)信号源通道。两路超低频 7 类波形信号源。注意：信号源功能为选件。7 类波形为正弦波、余弦波、三角波、方波(占空比可调)、锯齿波、上升斜波、下降斜波。DA 输出精度为 12 位；工作电压范围为−10～+10V；信号周期为 0.1～50s。

2. 功能说明及使用方法

THDAQ-PCI 计算机辅助实验系统具有数据采集、显示、测量、记录等功能，并可同时作为超低频 7 类波形信号源使用。

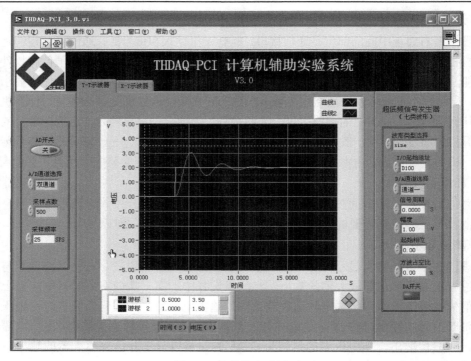

图 4-5　软件的实验界面

　　启动数据采集与显示系统(虚拟示波器)，在单击采集开关，将 OFF 按钮变成 ON 状态后，还需单击窗口左上角的右向白色小箭头，使其变为黑色，即 变为 。

　　(1)示波器切换控件：用于时域 Y-T 示波器和 X-Y 示波器之间的切换，直接单击即可，默认状态为时域示波器方式。

　　(2)AD 通道选择控件：有通道一、通道二、双通道三项，默认状态为双通道。用于选择在示波器控件上单独显示通道一或通道二的波形，还是同时显示双通道的波形。

　　(3)采样点数控件：有 500 点、250 点、125 点三个选项，默认状态为 500 点。这里表示在示波器上每显示满一屏曲线，每个 A/D 采集通道所需要采集的点数。由于双通道同时采集，采集卡实际采集点数为此值的 2 倍，而由于采集卡的 A/D 采样精度为 12 位，所以每个点又由两个字节组成。

　　(4)采样频率控件：此数值表示采集卡每通道每秒采多少个点。基于和采样点数控件中说明的同样的原因，采集卡的实际采样频率为此值的 2 倍，根据采样点数的选择和示波器控件的 X 轴范围(即时间轴右下角的数值)的设定进行相应设置，其设置规则如下：

$$采样频率(F_s) = 采样点数(N)/X 轴范围(X_{max})$$

① $1s < X_{max} \leqslant 50s$，采样点数应选 500 点，采样频率做相应调整。

例如，$X_{max} = 5s$，采样点数应选 500 点，采样频率应设为 100SPS。

② $0.1s < X_{max} \leqslant 1s$，采样点数应选 250 点，采样频率做相应调整。

例如，$X_{max} = 0.5s$，采样点数应选 250 点，采样频率设为 500SPS。

③ $0.01s \leqslant X_{max} \leqslant 0.1s$，采样点数应选 125 点，采样频率做相应调整。

例如，$X_{max} = 0.01s$，采样点数应选 125 点，采样频率应设为 12500SPS。

　　注意：示波器控件的 X 轴范围 $(X_{\max})$ 的取值要求为采样点数的约数（即采样点数能被其整除）且在 $0.01\sim50\mathrm{s}$ 内，初用者可参考表 4-1。$X_{\max}$ 单位为 s，采样频率单位为 SPS。

表 4-1　采样点数、$X_{\max}$ 和频率的关系

采样点数	125	125	125	125	250	250	250	500	500	500	500	500	500
$X_{\max}$	0.01	0.02	0.05	0.1	0.2	0.5	1	2	5	10	20	25	50
采样频率	12500	6250	2500	1250	1250	500	250	250	100	50	25	20	10

　　时域示波器主控件的 X 轴和 Y 轴的刻度范围可按使用需要通过单击后手动调整，Y 轴也可通过右击选择 AutoScale Y 选项（即示波器根据波形的显示需要自动调整 Y 轴范围），但建议使用前者；X-Y 示波器主控件的 X 轴和 Y 轴的刻度范围建议采用默认的$-10\sim+10\mathrm{V}$。

　　(5)游标控件：本软件中设定了两个游标，分别用绿色、红色的十字虚线表示，并且命名为游标1、游标2，拖动其中心到波形的某点将在相应的显示区显示该点的横、纵坐标值，左边为横坐标值、右边为纵坐标值。参见图 4-5 中波形显示的左下边注意：游标的拖动应在示波器的停止状态下进行，否则会造成示波器面板的混乱；如果游标的十字中心不在示波器面板设定的显示范围内，可在游标坐标显示区内修改游标坐标值，使游标先出现在示波器面板上，然后拖动游标进行波形上某点的数据测量。

　　(6)菱形控件：菱形控件可用于游标的精密移动，参见图 4-5 中波形显示的右下边。

　　(7)波形类型选择控件：软件超低频 7 类波形信号发生器的大部分控件基本上与数据采集显示部分的控件类似。这里有正弦波(Sine)、余弦波(Cosine)、三角波(Triangle)、方波(Square)、锯齿波(Sawtooth)、上升斜波(Increasing Ramp)、下降斜波(Decreasing Ramp)7 种波形可供选择。

　　(8)I/O 起始地址控件：该控件的设定需要引起注意，只有在使用正弦波信号发生器功能时才需要对该值进行设定。该地址选用 4 位十六进制数据，不同型号的计算机主板上该地址的设定值可能是不同的，具体应设为何值应通过以下路径查找：控制面板/系统/硬件/设备管理器/QHKJ ADCard /QHKJ PnP ADCard 7272 Driver/(右键)属性/资源的第二个输入/输出范围的起始地址即为该值。

　　(9)D/A 通道选择控件：有通道一、通道二两项，默认状态为通道一。用于选择使用哪一 D/A 通道输出 7 类波形中的一种。

　　(10)信号周期控件：用于设定超低频正弦波信号的周期值。注意：这里设定值可精确到小数点后 4 位，但实际在示波器面板上输出的正弦波周期大于等于 1s 时，可精确到小数点后一位；周期小于 1s 且大于等于 0.1s 时，可精确到小数点后两位。

　　(11)幅度控件：用于设定要输出的正弦波的幅度。

　　(12)起始相位控件：用于设定波形的起始相位值。

　　(13)方波占空比控件：设定波形的占空比，仅用于方波。

　　(14)信号源开关：若需使用超低频信号发生器，则应单击该绿色按钮，变亮即开始工作。

　　还有一项很重要的注意事项：各数值设定型控件应尽量在开关关闭的状态下设定，游标的拖动也应在开关关闭状态下进行，以免造成鼠标的失灵或示波器显示面板的混乱。如果不慎发生了上面提到的意外现象，可按 Ctrl + Alt +Delete 三键，出现“Windows 安全”窗口后单击“取消”按钮，鼠标将得到恢复，可关闭开关按钮。

4.2.3　THBDC-1 型控制理论·计算机控制技术实验平台简介

THBDC-1 型控制理论·计算机控制技术实验平台主要是针对控制理论及计算机控制技术这两门课程而设计的，本章的 3 个综合实验使用该平台。在实验的设计上用运放来模拟各种受控对象的数学模型，还增加了实验中经常使用到的低频信号发生器、交直流数字电压表，便于实验室其他地方的使用。

1. 硬件部分

1）直流稳压电源

直流稳压电源输出为±5V、±15V 及+24V。

2）低频信号发生器

低频信号发生器见实验平台的低频函数信号发生器单元。低频信号发生器由单片集成函数信号发生器 ICL8038 及外围电路组合而成，主要输出有正弦信号、三角波信号、方波信号、斜波信号和抛物线信号。输出频率分为 T1、T2、T3 为三挡。每一挡正弦信号的范围为 0.1～3.3Hz、2.5～86.4Hz、49.8～1.7kHz；$V_{\text{p-p}}$ 值为 25V，而方波信号输出幅度的 $V_{\text{p-p}}$ 值为 15V。

使用时可根据需要选择合适频率的挡并且调节频率调节和幅度调节两个电位器即可调节输出信号的频率和幅值。

3）实验通用单元电路

实验通用单元电路见实验平台的 U1～U17 单元。这些单元主要由运放、电容、电阻、电位器和一些自由布线区等组成。通过接线和短路帽的选择，可以模拟各种受控对象的数学模型。

其中 U1 为能控性与能观性单元，U2 为无源器件单元，U3 为带调零端的运放单元，U4 为非线性单元，U5 为反相器单元，U6～U17 为通用单元电路主要用于比例、积分、微分、惯性等环节电路的构造。

4）USB 数据采集卡及接口单元

数据采集卡采用 THBXD，它可直接插在 IBM-PC/AT 或与之兼容的计算机内，其采样频率为 250kHz；有 4 路单端 A/D 模拟量输入，2 路 D/A 模拟量输出，A/D 与 D/A 转换精度均为 12 位；16 路开关量输入，16 路开关量输出。接口单元则放于实验平台内，用于实验平台与 PC 上位机的连接与通信。

数据采集卡接口部分包含模拟量输入输出（AI/AO）与开关量输入输出（DI/DO）两部分。其中列出 AI 有 6 路，AO 有 2 路，DI、DO 各 8 路。

2. 上位机软件使用说明

上位机软件集虚拟示波器、VBScript 脚本编程器、函数信号发生器等于一身。其中虚拟示波器用于显示实验波形，并具有图形和数据存储、打印功能。VBScript 脚本编程器则提供了一个开放的编程环境，用户可编写各种算法及控制程序。函数信号发生器提供了正弦信号、三角波信号、方波信号、斜波信号和抛物线信号等。

使用本软件前要确认做实验时将 THBXD USB 数据采集卡的 USB 电缆线与计算机相连。在连接前应保证 THBDC-1 型控制理论·计算机控制技术实验台的电源已打开。每次做实验时都应先打开实验台的电源，再将实验台的 37 芯与采集卡的 37 芯相连，最后才将 USB 电缆线与计算机连接。做完实验后拔下 USB 电缆线。安装本软件后，计算机上的开始菜单里的程序组中和桌面上就会生成 THBDC-1 程序的快捷方式，单击这个快捷方式后就可启动本应用程序。

其对应的窗口说明如下。软件主窗口如图 4-6 所示。

图 4-6　主窗口

主界面包括菜单栏和工具栏及任务栏。菜单栏分别对应工具栏上的按钮，菜单栏上包括系统、窗口、实验指导书、帮助四块内容，功能分别如下。

（1）系统菜单项用于软件用户的内部操作，包括用户登录、用户注册、实验选择和实验时上位机与下位机通信的通道设置以及退出菜单项。

（2）窗口菜单项用于打开软件中的功能窗口，包括虚拟示波器窗口、信号发生器窗口、脚本编辑窗口和仿真平台窗口。

（3）实验指导书菜单项用于选择实验对应的实验指导内容，包括信号与系统、计算机控制理论和计算机控制技术。

（4）帮助菜单项用于提供软件的一些信息，包括在线帮助版本信息等。

通道选择窗口如图 4-7 所示。

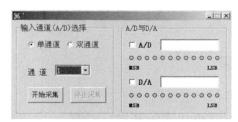

图 4-7　通道选择窗口

做实验前要选择数据采样通道，选择的通道要和实验台上选择的通道相对应，选择单通道时可任意选择 1、2、3、4 通道，选择双通道时要选择相邻的两个通道，即 1-2、2-3、3-4 通道，采样频率一般默认为 25kHz，选择好通道后单击"开始采集"按钮，这样就实现了上位机和下位机的通信。

虚拟示波器窗口如图 4-8 所示。

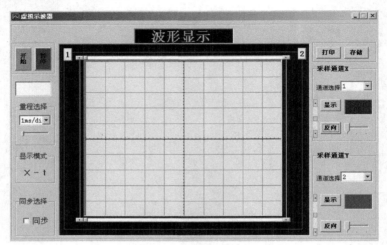

图 4-8　虚拟示波器窗口

其按钮及选项使用说明如下。

"开始"按钮：启动/停止虚拟示波器，准备显示波形。

"暂停"按钮：当示波器显示波形的时候，用"暂停"按钮来捕捉波形，暂停后可以单击示波器上黄色的两个游标，通过对它们的拖动来测波形某点的电压幅值(其值分别在显示按钮的右边的方框中)，同时用两个游标的间隔可以测出频率(其值在"开始"按钮下面的方框中)。

"显示"按钮：显示所选通道的曲线波形。单击按钮按下将显示波形，再次单击将停止显示波形。

"反向"按钮及滑动块："反向"按钮将显示的波形反向显示；右边的滑动块用来放大波形，放大的倍数可以在拖动的时候从鼠标的右上方读出，默认情况不放大。

"打印"按钮，用来打印示波器显示的波形，注意在打印之前要单击"暂停"按钮。

"存储"按钮，用来存储示波器的波形，注意要先单击"暂停"按钮。

"同步"复选框：选中同步复选框，可以使波形不抖动。

4.3　MATLAB 软件介绍

4.3.1　MATLAB 基本使用

1. 概述

MATLAB 是 MATrix LABoratory(矩阵实验室)的缩写，是由美国 Math Works 公司于 1984 年正式推出的一种科学与工程计算语言。它的基本处理对象是矩阵，即使是一个标量纯数，

MATLAB 也认为它是只有一个元素的矩阵。与其他计算机语言相比较，MATLAB 具有其独树一帜的特点：简单易学，代码短小高效，功能丰富，强大的图形表达功能，强有力的系统仿真功能。

随着 MATLAB 的发展，特别是它所包含的大量控制理论及 CAD 工具箱(即控制理论与 CAD 应用程序集)，使 MATLAB 已经不仅仅是一个矩阵实验室，它已经成为一种具有广阔应用前景的全新的计算机高级汇编语言，特别是图形交互式仿真环境——Simulink 的出现，为 MATLAB 的应用拓展了更加广阔的空间。目前，MATLAB 不仅流行于控制界，而且在系统仿真、信号分析与处理、通信与电子工程、雷达工程、虚拟制造、生物医学工程、语言处理、图像信号处理、计算机技术以及财政金融等领域中也都有着极其广泛的应用。

2. MATLAB 通用操作界面简介

下面以 MATLAB6.1 为例介绍。启动后，MATLAB 的界面如图 4-9 所示。

图 4-9   MATLAB 启动默认界面

MATLAB 通用操作界面是 MATLAB 交互工作界面的重要组成部分，涉及内容很多。这里只介绍最基本和最常用的 5 个交互工作界面。

1)命令窗口

启动 MATLAB 之后，一般命令窗口位于 MATLAB 界面的右侧，它是 MATLAB 提供给用户的操作界面，是进行人机对话的最主要环境，用户可以在命令窗口内提示符"＞＞"之后(有的 MATLAB 版本命令窗口没有提示符)键入 MATLAB 命令、函数、表达式，显示除图形外的所有运算结果。

2)命令历史窗口

一般情况下，命令历史窗口位于 MATLAB 界面的左下方，见图 4-9。在该窗口记录并显示每次开启 MATLAB 的时间及所有 MATLAB 运行过的命令、函数、表达式等，允许用户对它们进行选择复制、重复允许及产生 M 文件。

3) 当前目录浏览器

一般情况下，当前目录浏览器位于 MATLAB 界面左上方的前台，见图 4-9。在该浏览器中，可以进行当前目录的设置，展示相应目录上的.m 及.mdl 等文件，复制、编辑和运行 M 文件以及装载 MAT 数据文件。

4) 工作空间浏览器

一般情况下，工作空间浏览器位于 MATLAB 界面左上方的后台，见图 4-9。该窗口列出了 MATLAB 工作空间中所有数据的变量信息，包括变量名、大小、字节数等，在该窗口中，可以对变量进行观察、编辑、提取及保存。

5) 开始(Start)按钮

启动 MATLAB 后，在 MATLAB 界面的左下角可以看到一条图标，见图 4-9。单击该按钮后会出现 MATLAB 的现场菜单，见图 4-9。该菜单的菜单子项列出了已经安装的各类 MATLAB 组件和桌面工具。

3. 运行方式

MATLAB 提供了两种运行方式：命令行方式和 M 文件方式。

1) 命令行方式

可以通过在 MATLAB 命令窗口中输入命令行来实现计算或绘图功能。它的特点是计算机每次对一行命令作出反应，但这种方式只能编写简单的程序，作为入门学习采用，若程序较为复杂，就应该把程序写成一个由多行命令组成的程序文件，即程序扩展名为.m 的 M 文件。

2) M 文件方式

在 MATLAB 主界面的菜单中选择 File|New|M-File 即可打开一个默认名为 Untitled.m 的 M 文件编辑/调试器窗口(M 文件输入运行界面)，亦称 M 文件窗口或者文本编辑器。在该窗口输入程序(命令行的集合)，可以进行调试或运行。与命令行运行方式相比，M 文件运行方式的优点是所编写的程序是以扩展名.m 的文件形式存储的，可调试，可重复运行，特别适合于求解复杂问题。

4. 图像窗口

在 MATLAB 命令窗口中选择菜单 File|New|Figure，或者在命令窗口输入"figure"或其他绘图命令，即可打开 MATLAB 的图形窗口。

5. 帮助系统

1) 命令行帮助

命令行帮助是一种纯文本帮助方式。MATLAB 的所有命令、函数的 M 文件都有一个注释区。在该区中，用纯文本形式简要地叙述了该函数的调用格式和输入、输出变量的含义。该帮助内容最原始，也最真切可靠。利用 Help 命令，即在 MATLAB 命令窗口中运行 Help 或者 Lookfor+空格+关键字，就可以获得命令行帮助。

2) 联机帮助

联机帮助由 MATLAB 的帮助导航/浏览器完成。该浏览器是 MATLAB 专门设计的一个独立帮助子系统，由帮助导航器(Help Navigator)和帮助浏览器(Help Browser)两部分组成。该帮助子系统对 MATLAB 功能的叙述系统、丰富、详尽，而且界面十分友好、方便，随版本的更新速度也快，是寻求帮助的主要资源之一。

3）演示帮助

MATLAB 及其工具箱都有很好的演示程序，即 Demos。这组演示程序由交互界面引导，操作非常方便。通过运行这组程序，对照屏幕上的显示，仔细研究实现演示的 M 文件，无论对于 MATLAB 的初学者还是老用户都是十分有益的。

运行演示程序主要有以下两种方式。

（1）在 MATLAB 命令窗口中运行命令 Demos。

（2）在 MATLAB 命令窗口中选择菜单 Help|Demos。

4）Web 帮助

MATLAB 具有非常丰富的网络资源，其 Internet 网址为 http://www.mathworks.com。这是 MATLAB 公司的官网，从该网站不仅可以了解 MATLAB 的最新动态，也可以找到 MATLAB 的书籍介绍、MATLAB 的使用建议、常见问题解答技巧以及 MATLAB 用户提供的应用程序等。

5）PDF 帮助

MATLAB 还以便携式文档格式（PDF）提供了详细的 MATLAB 使用文档，用户可以从官网下载。

6. 工具箱

MATLAB 的工具箱分为辅助功能性工具箱和专业功能性工具箱。前者用来扩充 MATLAB 内核的各种功能，后者则是由不同领域的知名专家、学者编写的针对性很强的专业型函数库，如控制理论工具箱等。MATLAB 已经拥有适用于不同专业类别的 60 多个工具箱，可以解决数学和工程领域的绝大多数问题。需要说明的是，用户在使用某个工具箱时，必须确保该工具箱已经安装在 MATLAB 中，否则不能正常使用。下面简单介绍与本实验相关的工具箱。

1）控制系统工具箱

该工具箱主要采用 M 文件形式，提供了丰富的算法程序，所涉及的问题基本涵盖了经典控制理论的内容，主要用于反馈控制系统的建模、分析与设计。本书所涉及的实验主要使用这部分的工具箱，即子函数。

2）Simulink

Simulink 是用来进行建模、分析和仿真各种动态系统的一种交互环境，它提供了采用鼠标拖放的方法建立系统框图模型的图形交互平台。通过 Simulink 模块库提供的各类模块，可以快速地创建动态系统的模型。这也是本实验要使用的一种仿真模式。

3）其他解决控制领域问题的工具箱

系统辨识工具箱、模糊逻辑工具箱、鲁棒控制工具箱和模型预估控制工具箱等工具箱是控制系统工具箱的补偿，有些是独立的软件包。借助这些工具箱所包含的内容几乎涉及现代控制理论与智能控制理论的所有内容。

4.3.2 M 文件程序设计基础

1. M 文件

M 文件是 MATLAB 语言所特有的文件。用户可以在 M 文件编辑窗口内，编写一段程序，调试、运行并存盘，所保存的用户程序即是用户自己的 M 文件。MATLAB 工具箱中大量的应用程序也是以 M 文件的形式出现的，这些 M 文件可以打开阅读，甚至修改，但应注意，不可改动工具箱中的 M 文件。

M 文件又分为命令 M 文件(简称命令文件或脚本文件)和函数 M 文件(简称函数文件)两大类。

2. M 文件编辑器

MATLAB 为用户提供了专用的 M 文件编辑器,便于用户完成 M 文件的创建、保存及编辑等工作。

利用 M 文件编辑器创建新 M 文件有如下两种方法。

(1)单击 MATLAB 命令窗口工具栏上的 □ 图标。

(2)单击 MATLAB 命令窗口菜单栏的 File | New | M-File 命令。

若需要对已保存过的 M 文件进行修改和编辑,则可单击 MATLAB 命令窗口工具栏上的 ☞ 图标或单击 MATLAB 命令窗口菜单栏的 File | Open 命令,系统即启动 M 文件编辑器并打开用户指定的 M 文件。

在 M 文件编辑器中,用户可以用创建一般文本文件的方法对 M 文件进行输入和编辑。M 文件编辑器窗口会以不同的颜色显示注释、关键词、字符串和一般程序代码;可以方便地打开和保存 M 文件并进行编辑,编辑功能有大多数编辑器都有的复制、粘贴、剪切等;在 M 文件编辑器中还可以通过 Debug 下拉菜单进行程序的调试。程序调试后的试运行有两种方式:一是通过编辑器菜单栏的 Debug | Run 命令,二是单击编辑器工具栏上的 图标,程序运行的结果及存在的问题都显示在 MATLAB 的命令窗口中。

M 文件中的命令是通过在 MATLAB 命令窗口中键入 M 文件的文件名并按 Enter 键来执行的。当用户在命令窗口中键入 M 文件的文件名并按 Enter 键后,系统先搜索该文件,若该文件存在,则以解释方式按顺序逐条执行 M 文件的语句。此时,应注意所要执行的文件是否存放在当前的工作目录下,如果不是,就要先改变当前的工作目录,然后键入所要执行的 M 文件的文件名。

3. 命令文件(脚本文件或程序文件)

命令文件又称脚本文件或程序文件,是 M 文件的类型之一,就是由 MATLAB 的语句构成的 ASCII 码文本文件,扩展名为 .m。运行命令文件的效果等价于从 MATLAB 命令窗口中顺序逐条输入并运行文件里的指令。在程序设计中,命令文件常作为主程序来设计。命令文件的特点如下。

(1)命令文件中的命令格式和前后位置与在命令窗口中输入的没有任何区别。

(2)MATLAB 在运行命令文件时,只是简单地按顺序从文件中读取一条条命令,送到 MATLAB 命令窗口中去执行。

(3)命令文件可以访问 MATLAB 当前工作空间中的所有变量和数据。

(4)命令文件运行过程中创建或定义的所有变量都被保留在工作空间中,工作空间中其他命令文件和函数可以共享这些变量。用户可以在命令窗口访问这些变量,并用 who 和 whos 命令对其进行查询,也可用 clear 命令清除。所以,要注意避免变量的覆盖而造成程序出错。

(5)命令文件一般以 clear、close all 等语句开始,清除掉工作空间中原有的变量和图形,以避免其他已执行的程序残留数据对本程序的影响。

4. 函数文件

函数文件是 M 文件的另一种类型,它也是由 MATLAB 语句构成的 ASCII 码文本文件,

扩展名为 .m。用户可用前述的 M 文件的创建、保存及编辑的方法来进行函数文件的创建、保存与编辑，但特别需要注意以下几点。

(1)函数文件必须以关键字 function 开头。

(2)函数文件的第一行为函数说明语句，其格式为

```
function [输出变量列表] = 函数名(输入变量列表)
```

其中，函数名为用户自己定义的函数名(与变量的命名规则相同)。

(3)函数文件在运行过程中产生的变量都存放在函数本身的工作空间，当文件执行完最后一条命令或遇到 return 命令时，就结束函数文件的运行，同时函数工作空间的变量被清除。

(4)用户可通过函数说明语句中的输出变量列表和输入变量列表来实现函数参数的传递。输出变量列表和输入变量列表不是必须的。

5. 全局变量与局部变量

用户在命令文件和函数文件中经常要用到变量，但命令文件中的变量和函数文件中的变量却存在着较大的区别。函数文件中所使用的变量，除输入变量和输出变量以外，所有变量都是局部变量，它们与其他函数变量是相互隔离的，即变量只在函数内部起作用，在该函数返回之后，这些变量会自动在 MATLAB 的工作空间中清除掉。而命令文件中的变量是全局变量，工作空间的所有命令和函数都可以直接访问这些变量。

6. 程序流程控制

计算机程序通常都是从前到后逐条执行的，但有时也会根据实际情况，中途改变执行次序，称为流程控制。与大多数计算机语言一样，MATLAB 支持各种流程控制结构，如顺序结构、循环结构和条件结构(又称分支结构)。MATLAB 为用户提供了丰富的程序结构语句用来实现用户对程序流程的控制。

1)循环结构

在实际问题中会遇到许多有规律的重复运算，因此在程序中就需要将某些语句重复执行。这时就需要用到循环结构。在循环结构中，一组被重复执行的语句称为循环体，每循环一次，都必须作出是否继续重复的决定，这个决定所依据的条件称为循环的终止条件。MATLAB 提供了两种循环结构：for-end 循环和 while-end 循环。

(1)for-end 循环结构。for-end 循环为计数循环，其基本格式为

```
for 循环变量 = 表达式
    循环体
end
```

有几点说明。①for 和 end 是必须的，不可省略，而且必须配对使用。②表达式是一个矩阵，用来表示循环的次数。表达式通常的形式为 "m:s:n"，m 是循环初值，n 是循环终值，s 为步长，s 可以缺省，默认值为 1。③循环体被循环执行，执行的次数由表达式控制。循环变量依次取表达式矩阵的各列，每取一次，循环体执行一次。④循环不会因为在循环体内对循环变量重新设置值而中断。

for-end 循环结构的执行过程是：从表达式矩阵的第一列开始，依次将表达式矩阵的各列之值赋值给循环变量，然后执行循环体中的语句，直到最后一列。

（2）while-end 循环结构。for-end 循环的循环次数是确定的，而 while-end 循环的循环次数不确定，它是在逻辑条件控制下重复不确定次，直到循环条件不成立为止。因此，while-end 循环为条件循环，其基本格式为

```
while  表达式
    循环体
end
```

有几点说明。①while 和 end 是必需的，不可省略，而且必须配对使用。②只要表达式为逻辑真，就执行循环体；一旦表达式为假，就结束循环。③表达式可以是向量也可以是矩阵，如果表达式为矩阵，则当所有的元素都为真才执行循环体，如果表达式为 NaN，MATLAB 认为是假，不执行循环体。

while-end 循环结构的执行过程是：首先判断表达式是否成立，若成立则运行循环体中的语句，否则停止循环。通常是通过在循环体中对表达式进行改变来控制循环是否结束。

2）条件转移结构

在复杂的计算中常常需要根据表达式的情况（是否满足某些条件）确定下一步该做什么。MATLAB 也为用户提供了方便的条件控制语句，用以实现程序的条件分支运行。实现条件控制的结构有两个：if-else-end 结构和 switch-case 结构。

（1）if-else-end 结构。if-else-end 结构是最常见的条件转移结构，其基本格式为

```
if  表达式 1
    语句体 1
elseif  表达式 2
    语句体 2
        ⋮
else
    语句体 n
end
```

有几点说明。①当有多个条件时，若表达式 1 为假，则再判断 elseif 的表达式 2，如果所有表达式都不满足，则执行 else 的语句体 n，然后跳出 if-else-end 结构；当表达式为真则执行相应的语句体，否则跳过该语句体。②if-else-end 结构也可以是没有 elseif 和 else 的简单结构，但 if 和 end 是不可省略且必须配对使用。③在执行 for-end 循环和 while-end 循环语句时，可以利用"if+break"语句中止循环运算。

（2）switch-case 结构。当程序运行过程中需要根据某个变量的多种不同取值情况来运行不同的语句时，就要用到 switch-case 结构，它是具有多个分支结构的条件转移结构，其基本格式为

```
switch  表达式
    case  值 1
        语句体 1
    case  值 2
        语句体 2
            ⋮
    otherwise
```

```
    语句体 n
end
```

有几点说明。①表达式的值和哪种情况(case)的值相同，就执行哪种情况中的语句体，然后跳出该分支结构；如果都不同，则执行 otherwise 中的语句体。②格式中也可以不包括 otherwise，这时如果表达式的值与列出的各种情况都不相同，则跳出该分支结构，继续向下执行。③switch 和 end 必须配对使用。

3) 流程制命令

在执行主程序文件中，往往还希望在适当的地方对程序的运行进行观察或干预，这时就需要流程控制命令。在调试程序时，还需要人机交互命令，所以有些流程控制命令是人机交互式的。流程控制命令见表 4-2。

表 4-2　流程控制命令

命　　令	说　　　明
^C	强行停止程序运行
break	终止执行循环
continue	结束本次循环而继续进行下次循环
disp(A)	显示变量 A 的内容
echo on(off)	显示程序内容(不显示程序内容，此为默认情况)
input('提示符')	程序暂停，显示'提示符'，等待用户输入数据
keyboard	暂时将控制权交给键盘(键入字符串 return 退出)
pause(n)	暂停 n 秒；若无 n，表示暂停，直至用户按任意键
return	终止当前命令的执行，返回到调用函数
waitforbuttonpress	暂停，直至用户按鼠标键或键盘键

下面对表中的常用命令做详细说明。

^C：强行停止程序运行的命令。操作时先按 Ctrl 键，不抬起再按 C 键。在发现程序运行有错，运行时间太长时，可用此方法中途终止它。

break：该命令可以使包含 break 的最内层的 for 或 while 语句强行终止，立即跳出该结构，执行 end 后面的命令。

continue：该命令用于结束本次 for 或 while 循环，与 break 命令不同的是，continue 只结束本次循环而继续进行下次循环。

input('提示符')：程序执行到此处暂停，在屏幕在显示引号中的字符串，提示用户应该从键盘输入数值、字符串和表达式，并接受该输入。

pause(n)：该命令用来使程序运行暂停 n 秒，默认状态即没有参数 n，表示等待用户按任意键继续。该命令用于程序调试或查看中间结果，也可以用来控制动画执行的速度。

return：该命令是终止当前命令的执行，并且立即返回到调用函数或等待键盘输入命令，可以用来提前结束程序的运行。当程序进入死循环时，只能用^C 来终止程序的运行。

4.3.3　Simulink

1. Simulink 简介

Simulink 是 MATLAB 软件的扩展，它是实现动态系统建模和仿真的一个软件包，它与

MATLAB 语言的主要区别在于，其与用户交互接口是基于 Windows 的模型化图形输入的，其结果是使得用户可以把更多的精力投入到系统模型的构建，而非语言的编程上。

　　所谓模型化图形输入，是指 Simulink 提供了一些按功能分类的基本的系统模块，用户只需要知道这些模块的输入、输出及模块的功能，而不必考察模块内部是如何实现的，通过对这些基本模块的调用，再将它们连接起来就可以构成所需要的系统模型（以.mdl 文件进行存取），进而进行仿真与分析。

2. Simulink 的启动

　　进入 Simulink 界面，只要在 MATLAB 命令窗口提示符下键入"simulink"，按 Enter 键即可启动 Simulink 软件。在启动 Simulink 软件之后，Simulink 的主要方块图库将显示在一个新的 Windows 中。

　　如图 4-10 所示，在 MATLAB 命令窗口中输入"simulink"，结果是在桌面上出现一个称为 Simulink Library Browser 的窗口，在这个窗口中列出了按功能分类的各种模块的名称。

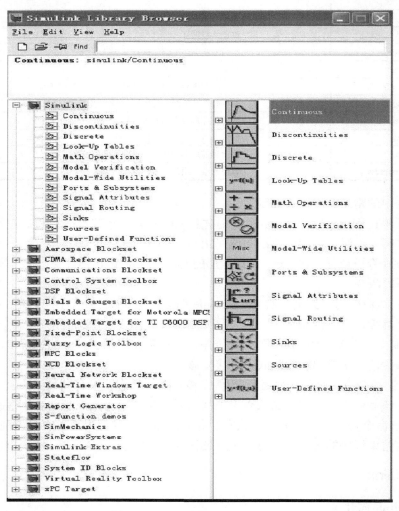

图 4-10　Simulink 的主要方块图库

3. Simulink 的模块库介绍

Simulink 模块库按功能进行分为以下 8 类子库。

(1) Continuous（连续模块）。

(2) Discrete（离散模块）。

(3) Function&Tables（函数和平台模块）。

(4) Math（数学模块）。

(5) Nonlinear（非线性模块）。

(6) Signals&Systems（信号和系统模块）。

(7) Sinks（接收器模块）。

(8) Sources（输入源模块）。

4. Simulink 简单模型的建立

(1) 建立模型窗口。

(2) 将功能模块由模块库窗口复制到模型窗口。

(3) 对模块进行连接，从而构成需要的系统模型。

5. Simulink 功能模块的处理

(1) 模块库中的模块可以直接用鼠标进行拖曳（选中模块，按住鼠标左键不放）而放到模型窗口中进行处理。

(2) 在模型窗口中，选中模块，则其 4 个角会出现黑色标记。此时可以对模块进行以下基本操作。

移动：选中模块，按住鼠标左键将其拖曳到所需的位置即可。若要脱离线而移动，可按住 Shift 键，再进行拖曳。

复制：选中模块，然后按住鼠标右键进行拖曳即可复制同样的一个功能模块。

删除：选中模块，按 Delete 键即可。若要删除多个模块，可以同时按住 Shift 键，再用鼠标选中多个模块，按 Delete 键即可。也可以用鼠标选取某区域，再按 Delete 键就可以把该区域中的所有模块和线等全部删除。

转向：为了能够顺序连接功能模块的输入和输出端，功能模块有时需要转向。在菜单 Format 中选择 Flip Block 旋转 180°，选择 Rotate Block 顺时针旋转 90°。或者直接按 Ctrl+F 键执行 Flip Block，按 Ctrl+R 键执行 Rotate Block。

改变大小：选中模块，对模块出现的 4 个黑色标记进行拖曳即可。

模块命名：先用鼠标在需要更改的名称上单击，然后直接更改即可。名称在功能模块上的位置也可以变换 180°，可以用 Format 菜单中的 Flip Name 来实现，也可以直接通过鼠标进行拖曳。Hide Name 可以隐藏模块名称。

颜色设定：Format 菜单中的 Foreground Color 可以改变模块的前景颜色，Background Color 可以改变模块的背景颜色；而模型窗口的颜色可以通过 Screen Color 来改变。

参数设定：双击模块，就可以进入模块的参数设定窗口，从而对模块进行参数设定。参数设定窗口包含该模块的基本功能帮助。为了获得更详尽的帮助，可以单击其上的 Help 按钮。通过对模块的参数设定，就可以获得需要的功能模块。

属性设定：选中模块，打开 Edit 菜单的 Block Properties 可以对模块进行属性设定，包括 Description 属性、Priority 优先级属性、Tag 属性、Open Function 属性、Attributes Format String

属性。其中 Open Function 属性是一个很有用的属性,通过它指定一个函数名,则当该模块被双击之后,Simulink 就会调用该函数执行,这种函数在 MATLAB 中称为回调函数。

模块的输入输出信号:模块处理的信号包括标量信号和向量信号;标量信号是一种单一信号,而向量信号为一种复合信号,是多个信号的集合,它对应着系统中几条连线的合成。默认情况下,大多数模块的输出都为标量信号,对于输入信号,模块都具有一种智能的识别功能,能自动进行匹配。某些模块通过对参数的设定,可以使模块输出向量信号。

6. Simulink 应用举例

以具有双积分环节的系统 $G(s)$ 为例,该系统的开环是不稳定的。为了使系统稳定,使用超前校正环节 $K(s)$ 进行串联校正,如图 4-11 所示。

$$G(s) = \frac{1}{s^2}, \quad K(s) = \frac{10(s+10)}{(s+5)}$$

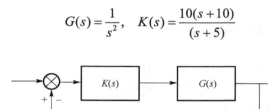

图 4-11　系统结构框图

在建模之前,需要创建一个工作区域。创建一个工作区域的方法为选择 File 项,然后选择 New,这将开始一个新的窗口,其窗口名为 Untiledl,可以在该窗口内构造系统模型,并称这个窗口为工作窗口。

为了得到这个系统的阶跃响应,可以由两个传递函数、一个求和点、一个输入源及两个输出观测点等 6 个部分组成这个系统。

输入源的元件位于 Sources 库;传递函数与综合点方块都位于线性部分(Linear)库中。用同样的方法,可将该库中的 TransferFcn 与 Sum 图形拖曳到工作空间,然后关闭 Linear 库;

如何得到其仿真的输出结果。在 Sinks 库中有三个功能方块可用于显示或存储输出结果。Scope 功能块可以像一台示波器,实时地显示任何信号的仿真结果。To Workspace 功能块可以把输出值以矢量的形式存储在 MATLAB 工作空间中,这样可以在 MATLAB 环境下分析与绘制其输出结果。To File 功能块可以把数据存储到一个给定名字的文件中。用同样的方法,将 Scope 拖曳到工作空间,并关闭 Sinks 库窗口。

打开 Sum 功能块,在 List of Signs 处输入"+"、"−"符号。如果综合点超过了两个输入点,只要简单地输入其正、负号,即可自动地增加其相应地输入点。

打开 StepFcn 功能块,有三个空白框可以填入参数。Steptime 是阶跃响应的初始时间,此项可填 0,即零时刻开始阶跃响应。另外两项为初始值(Initial Value)和终值(Final Value)。这两项可分别输入 0 和 1。

打开工作空间功能块。输入 y 作为变量名(Variable Name),对应最大行数项(Maximum Number of Rows),输入 100。每一行对应一个时间间隔。在系统仿真过程中,可以输入 0~9.9 的数字,间隔为 0.1,生成 100 个点。

最后,要将这些方块连接起来。除 Sources 与 Sinks 功能块外,所有其他方块中至少有一个输出点,即在方块旁有一个符号">"指向外面,也至少有一个输入点,即在方块旁有一

个符号 "＞" 指向里面，Sources 功能块没有输入点，只有输出点，而 Sinks 功能块没有输出点，因此它仅有一个输入点。系统的仿真方块图如图 4-12 所示。

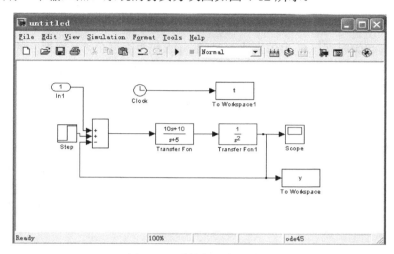

图 4-12　系统的仿真方块图

7. Simulink 仿真的运行

构建好一个系统的模型之后，接下来的事情就是运行模型，得出仿真结果。运行一个仿真的完整过程分成三个步骤：设置仿真参数、启动仿真和仿真结果分析。

1）设置仿真参数和选择解法器

设置仿真参数和选择解法器，选择 Simulation|Parameters 命令，就会弹出一个仿真参数对话框，它主要用三个页面来管理仿真的参数。

（1）Solver 页：允许用户设置仿真的开始和结束时间，选择解法器，说明解法器参数及选择一些输出选项。

仿真时间：注意这里的时间概念与真实的时间并不一样，只是计算机仿真中对时间的一种表示，如 10s 的仿真时间，如果采样步长定为 0.1，则需要执行 100 步，若把步长减小，则采样点数增加，那么实际的执行时间就会增加。一般仿真开始时间设为 0，而结束时间视不同的因素而选择。总体说来，执行一次仿真要耗费的时间依赖很多因素，包括模型的复杂程度、解法器及其步长的选择、计算机时钟的速度等。

仿真步长模式：用户在 Type 后面的第一个下拉选项框中指定仿真的步长选取方式，可供选择的有 Variable-step（变步长）和 Fixed-step（固定步长）方式。变步长模式可以在仿真的过程中改变步长，提供误差控制和过零检测。固定步长模式在仿真过程中提供固定的步长，不提供误差控制和过零检测。

（2）Workspace I/O 页：作用是管理模型从 MATLAB 工作空间的输入和对它的输出。

（3）Diagnostics 页：允许用户选择 Simulink 在仿真中显示的警告信息的等级。

2）启动仿真

（1）设置仿真参数和选择解法器之后，就可以启动仿真而运行。

选择 Simulink|Start 选项来启动仿真，如果模型中有些参数没有定义，则会出现错误信息提示框。如果一切设置无误，则开始仿真运行，结束时系统会发出一鸣叫声。

（2）除了直接在 Simulink 环境下启动仿真外，还可以在 MATLAB 命令窗口中通过函数进行，格式如下：

[t,x,y]=sim('模型文件名',[to tf],simset('参数 1',参数值 1,'参数 2',参数值 2,...))

其中，to 为仿真起始时间，tf 为仿真终止时间。[t,x,y]为返回值，t 为返回的时间向量值，x 为返回的状态值，y 为返回的输出向量值。simset 定义了仿真参数，包括以下一些主要参数。

AbsTol：默认值为 1×10^{-6} 设定绝对误差范围。

Decimation：默认值为 1，决定隔多少个点返回状态和输出值。

Solver：解法器的选择。

3）仿真结果分析

最后一步是仿真（Simulation），可以通过选择仿真菜单（Simulation Menu）执行仿真命令。有两个可以供选择的项：Start（开始执行）与 Parameters（参数选择）。在参数选择中，可以有几种积分算法供选择。对于线性系统，可以选择 Linsim 算法。对应项分别输入如下参数：

Start Time	0	（开始时间）
Stop Time	9.9	（停止时间）
Rilative Error	0.001	（积分一步的相对误差）
Minimum Step Size	0.1	（最小步长）
Maximum Step Size	0.1	（最大步长）

在 Return Variable 方框中，还可以输入要返回的变量参数。如果在此方框中填入 "t"，在仿真之后可以在 MATLAB 工作空间中得到两个变量，即 t 与 y。参数选择完毕后，关闭该窗口。

此时，可以选择 Start 启动仿真程序，在仿真结束时，计算机会用声音给予提示。阶跃响应图如图 4-13 所示。

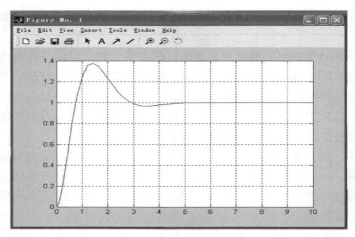

图 4-13　阶跃响应图

4.3.4　MATLAB 在自动控制中的应用

在 MATLAB 中，当传递函数已知时，可以方便地求出系统的单位脉冲响应、单位阶跃响应等曲线。

1. 传递函数模型

传递函数模型由分子分母多项式来表达。传递函数模型分为 SISO（单输入单输出）模型和 MIMO（多输入多输出）模型。这里只讨论 SISO 模型。

SISO 系统的传递函数模型为

$$G(s) = \frac{a(s)}{b(s)} = \frac{a_1 s^m + a_2 s^{m-1} + a_3 s^{m-2} + \cdots + a_{m+1}}{b_1 s^n + b_2 s^{n-1} + b_3 s^{n-2} + \cdots + b_{n+1}}$$

创建 SISO 传递函数模型，常用的方法是使用 tf 命令，用法是

```
sys= tf (num, den)
```

其中，num 和 den 分别是分子多项式和分母多项式的系数构成的向量，$num = [f_1, f_2, \cdots, f_{m+1}]$，$den = [g_1, g_2, \cdots, g_{n+1}]$。在向量中，系数按变量 s 的降幂排列。

2. 零极点增益模型

零极点模型实际上是传递函数模型的另一种表现形式，其原理是分别对原系统传递函数的分子分母进行分解因式处理，以获得系统的零极点表示形式。

SISO 系统的零极点模型的一般形式为

$$G(s) = \frac{a(s)}{b(s)} = k \frac{(s - z_1)(s - z_2) \cdots (s - z_m)}{(s - p_1)(s - p_2) \cdots (s - p_n)}$$

创建 SISO 系统的零极点模型常用的方法是使用 zpk 命令，用法是

```
sys = zpk (z, p, k)
```

其中，z、p、k 分别是系统的零极点和增益向量。系统的零极点模型可以被直接用来判断系统的稳定性。

3. 数学模型的转换

各种数学模型适用于各类不同的场合，因而当研究的范围发生变化时，就需要对原有的数学模型进行转换，以适应工程实际的需要。MATLAB 提供了许多可以对同一控制系统的模型描述进行转换的函数，其中常用函数如表 4-3 所示。

表 4-3　模型转换函数及说明

函数	说　　　明
tf2zp	由传递函数模型转化为零极点模型
zp2tf	由零极点模型转化为传递函数模型

4. 控制系统模型的典型连接

控制系统是由多个环节组成的，每个环节又是由多个元件构成的。在控制系统设计中，有三种典型的连接方式。

1）串联环节

如果有两个环节 sys1 和 sys2 串联，则其等效传递函数为

```
sys=series(sys1,sys2)
```

实际上，sys=series(sys1,sys2)命令现在很少用，它已被命令 sys=sys1*sys2*…*sysn 所取代，这样，命令中不仅省掉了"series()"字符，而且可以实现多个传递函数模快的串联。

2)并联环节

如果有两个环节 sys1 和 sys2 并联，则其等效传递函数为

```
sys=parallel(sys1,sys2)或 sys=sys1+sys2+…+sysn
```

3)反馈连接

反馈环节的连接，其等效传递函数可由命令

```
G=feedback(G1,G2,sign)
```

来计算，其中 G1 为闭环前向通道传递函数；G2 为反馈通道传递函数；sign 为反馈方式，sign=1 为正反馈；sign = −1 或默认为负反馈系统。

5. 常用的函数

1)MATLAB 常用的基本数学函数

abs(x)：纯量的绝对值或向量的长度。

sqrt(x)：开平方。

round(x)：四舍五入至最近整数。

min(x)：向量 x 的元素的最小值。

max(x)：向量 x 的元素的最大值。

mean(x)：向量 x 的元素的平均值。

median(x)：向量 x 的元素的中位数。

length(x)：向量 x 的元素个数。

sum(x)：向量 x 的元素总和。

prod(x)：向量 x 的元素总乘积。

2)基本 xy 平面绘图命令

plot 是绘制一维曲线的基本函数，但在使用此函数之前，需要先定义曲线上每一点的 x 及 y 坐标。

下例可画出一条正弦曲线。

```
close all;
x=linspace(0, 2*pi, 100); % 100 个点的 x 坐标
y=sin(x); % 对应的 y 坐标
plot(x,y);
```

若要画出多条曲线，只需将坐标对依次放入 plot 函数即可：

```
plot(x, sin(x), x, cos(x));
```

3)系统的单位阶跃响应 step

step 有以下几种格式。

（1）step(sys)。直接作出 sys 的单位阶跃响应曲线。其中 sys = tf(num, den)或 sys = zpk(z, p, k)。MATLAB 自动决定响应时间。

（2）step(sys, t)。设定响应时间的单位阶跃响应。t 可以设定为最大响应时间 $t = t_{终值}$(秒)，也可以设置为一个向量 $t = 0 : \Delta t : t_{终值}$。

注意冒号的使用。它产生一个 $0\sim t$ 终值的行矢量，元素之间的间隔为 Δt。

（3）step（sys1, sys2, …, sysn）。在同一幅图上画出几个系统的单位阶跃响应。

（4）[y, t] = step（sys）；命令输出对应时刻 t 的各个单位阶跃响应值，不画图。语句后的分号控制数据的屏幕显示。

如果要查看机器计算了多少个数据，可以使用命令 size（y），得出的结果也表明数据作为列矢量的行数。要将计算出的[y, t]作成曲线，使用一般的作图命令 plot（t, y），plot 后面跟的两个参数横坐标在前，纵坐标在后。

6. 二阶系统（设 $0 < \xi < 1$）

二阶系统设二阶系统为

$$G(s) = \frac{\omega_n^2}{s^2 + 2\xi\omega_n + \omega_n^2}$$

它的特征参数为固有频率 ω_n 及阻尼比 ξ。当 ω_n 增大时，系统振动频率加快，振荡加剧；而随着 ξ 减小，系统振荡加剧，振荡峰尖锐。

（1）下面的程序示出了当 $\xi = 0.5$，ω_n = 1rad/s、2rad/s、3rad/s、4rad/s、5rad/s 时的间接阶跃曲线簇，结果见图 4-14。

不同固有频率的二阶系统的单位阶跃响应曲线（$\xi = 0.5$）的参考程序如下。

```
i=1;
for del=1:1:5;          % 二阶系统固有频率递增间隔
    num=del^2;          % 二阶系统传递函数分子系数向量
    den=[1 del del^2];  % 不同固有频率的二阶系统分母系数向量
    step(tf(num,den),6) % 二阶系统单位阶跃响应曲线
    hold on;            % 不同固有频率的二阶系统单位阶跃响应曲线簇
    i=i+1;
end
```

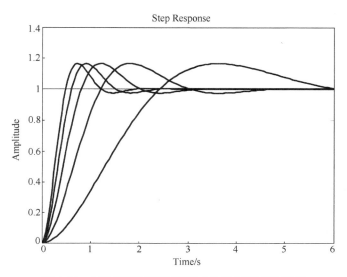

图 4-14　二阶系统固有频率对单位阶跃响应的影响

（2）下面的程序示出了当 $\omega_n = 1$，$\xi = 0.1$、0.3、0.5、0.7、0.9 时的二阶系统的单位阶跃响应曲线簇，结果见图 4-15。

不同阻尼比的二阶系统的单位阶跃响应曲线（$\omega_n = 1$）的参考程序如下。

```
i=1;
for del=0.1:0.2:0.9;        %  二阶系统阻尼比 ξ 递增间隔
    num=1;
    den=[1 2*del 1];        % 不同阻尼比的二阶系统分母系数向量
    step(tf(num,den),30)
    hold on;                 %不同阻尼比的二阶系统单位阶跃响应曲线簇
    i=i+1;
end
```

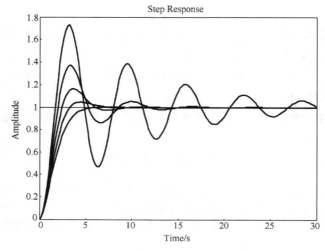

图 4-15　二阶系统阻尼比对单位阶跃响应的影响

7. 绘制根轨迹图

例如：绘制如下传递函数的根轨迹图。

$$G(s) = \frac{s+1}{2s^2 + s}$$

可在 MATLAB Command Window 窗口中输入下列命令：

```
num=[1, 1];
den=[2, 0, 3];
rlocus(num, den)
```

8. 伯德图的绘制

1）绘制伯德图

在 MATLAB Command Window 窗口中输入下列语句：

```
num=[A,B];
den=[C,D,E];
bode(num,den)
```

2）绘制离散控制系统的 Bode 图

绘制离散控制系统的 Bode 图时需要将 Z 域的函数表达式变换为 W 域的，使用 bode（num，den）绘制 Bode 图。

3）求系统的增益裕量（Gm）、相位裕量（Pm）和穿越频率 Wcp

可以使用如下语句：

```
[Gm,Pm,Wcg,Wcp]=margin(num, den)
```

4）求新的增益穿越频率 Wc′

设在该穿越频率 Wc′处，$G_0(jW)$ 的相角为 θ，使用如下语句：

```
[MAR,PHA,W]=bode(num, den)
```

即可得出不同的 W 值对应的相角（PHA）和增益（MAR），找出近似满足 PHA=θ 时对应的 W 值，即为 Wc′。

9. Nyquist 图

1）nyquist（sys）

直接返回系统 sys 的 Nyquist 图，机器自己确定频率范围（通常为−∞ → +∞）。

2）nyquist（sys, w）

返回在规定频率（rad/s）范围内的 Nyquist 图，频率范围的格式为

```
w = {wmin, wmax} (0<wmin<wmin)
nyquist(sys1,sys2,...,sysn)
```

3）nyquist（sys1,sys2,…,sysn,w）

在同一幅度图上画出几个系统的 Nyquist 图，可以由机器确定频率范围，也可以自选频率范围。

4）[re,im,w]=nyquist（sys）

分别返回系统 sys 对应频率 w 的实部（re）及虚部（im）值。

4.4　基　础　实　验

4.4.1　典型环节的模拟研究

1. 实验目的

（1）了解并掌握自动控制原理学习机的使用方法，掌握典型环节模拟电路的构成方法。

（2）熟悉各种典型线性环节的阶跃响应曲线。

（3）了解参数变化对典型环节动态特性的影响。

（4）通过本实验，掌握硬件连接和获取并分析实验数据的技能。

2. 实验设备

（1）自动控制原理学习机。

（2）THDAQ-PCI 软件。

(3) 万用表。

3. 实验原理

本实验是利用运算放大器的基本特性(开环增益高、输入阻抗大、输出阻抗小等),设置不同的反馈网络来模拟各种典型环节。

(1) 比例(P)环节:其方块图如图 4-16 所示。

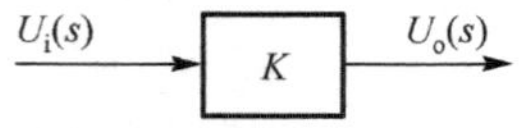

$$\xrightarrow{\quad U_i(s) \quad} \boxed{K} \xrightarrow{\quad U_o(s) \quad}$$

图 4-16　比例环节方块图

其传递函数为

$$\frac{U_o(s)}{U_i(s)} = K \tag{4-1}$$

比例环节的模拟电路如图 4-17 所示。

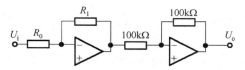

图 4-17　比例环节模拟电路

其传递函数为

$$\frac{U_o(s)}{U_i(s)} = \frac{R_1}{R_0} \tag{4-2}$$

比较式(4-1)和式(4-2)得

$$K = R_1 / R_0 \tag{4-3}$$

当输入为单位阶跃信号,即 $U_i(t) = 1(t)$ 时,$U_i(s) = 1/s$,则由式(4-1)得到 $U_o(s) = K\dfrac{1}{s}$

所以输出响应为

$$U_o(t) = K, \quad t \geqslant 0 \tag{4-4}$$

(2) 积分(I)环节。其方块图如图 4-18 所示。

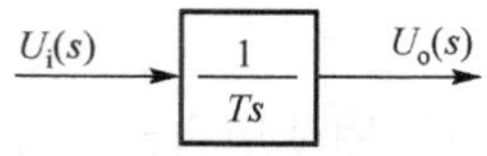

$$\xrightarrow{\quad U_i(s) \quad} \boxed{\dfrac{1}{Ts}} \xrightarrow{\quad U_o(s) \quad}$$

图 4-18　积分环节方块图

其传递函数为

$$\frac{U_o(s)}{U_i(s)} = \frac{1}{Ts} \tag{4-5}$$

积分环节的模拟电路如图 4-19 所示。

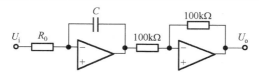

图 4-19　积分环节模拟电路

积分环节模拟电路的传递函数为

$$\frac{U_o(s)}{U_i(s)} = \frac{1}{R_0 Cs} \tag{4-6}$$

比较式 (4-5) 和式 (4-6) 得

$$T = R_0 C \tag{4-7}$$

当输入为单位阶跃信号，即 $U_i(t)=1(t)$ 时，$U_i(S)=1/s$，则由式 (4-5) 得到

$$U_o(s) = \frac{1}{Ts}\frac{1}{s} = \frac{1}{Ts^2}$$

所以输出响应为

$$U_o(t) = \frac{1}{T}t \tag{4-8}$$

(3) 比例积分 (PI) 环节。其方块图如图 4-20 所示。

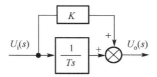

图 4-20　PI 方块图

其传递函数为

$$\frac{U_o(s)}{U_i(s)} = K + \frac{1}{Ts} \tag{4-9}$$

比例积分环节的模拟电路如图 4-21 所示。

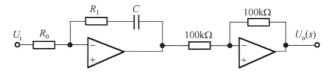

图 4-21　比例积分环节模拟电路

其传递函数为

$$\frac{U_o(s)}{U_i(s)} = \frac{R_1 Cs + 1}{R_0 Cs} = \frac{R_1}{R_0} + \frac{1}{R_0 Cs} \tag{4-10}$$

比较式 (4-9) 和式 (4-10) 得

$$K = R_1 / R_0$$
$$T = R_0 C \tag{4-11}$$

当输入为单位阶跃信号，即 $U_i(t) = 1(t)$ 时，$U_i(s) = 1/s$。则由式(4-9)得到

$$U_o(s) = \left(K + \frac{1}{Ts} \right) \cdot \frac{1}{s}$$

所以输出响应为

$$U_o(t) = K + \frac{1}{T} t \tag{4-12}$$

(4)惯性(T)环节。其方块图如图 4-22 所示。

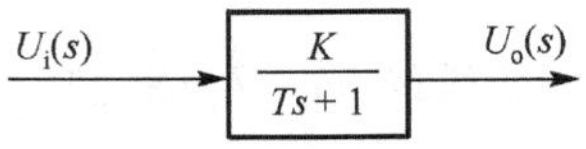

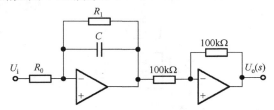

图 4-22　惯性环节方块图

其传递函数为

$$\frac{U_o(s)}{U_i(s)} = \frac{K}{Ts + 1} \tag{4-13}$$

惯性环节的模拟电路如图 4-23 所示。

图 4-23　惯性环节模拟电路

其传递函数为

$$\frac{U_o(s)}{U_i(s)} = \frac{R_1 / R_0}{R_1 Cs + 1} \tag{4-14}$$

比较式(4-13)和式(4-14)得

$$K = R_1 / R_0$$

$$T = R_1 C \tag{4-15}$$

当输入为单位阶跃信号，即 $U_i(t) = 1(t)$ 时，$U_i(s) = 1/s$，则由式(4-13)得到

$$U_o(s) = \frac{K}{Ts + 1} \cdot \frac{1}{s}$$

所以输出响应为

$$U_o(t) = K(1 - \mathrm{e}^{-\frac{t}{T}}) \tag{4-16}$$

(5)比例微分(PD)环节。其方块图如图 4-24 所示。

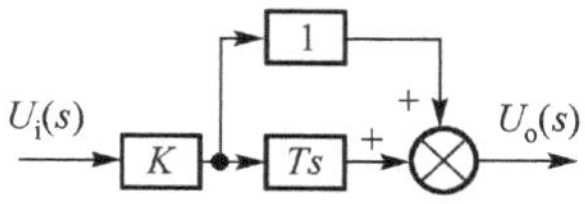

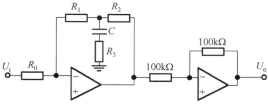

图 4-24　PD 方块图

其传递函数为

$$\frac{U_o(s)}{U_i(s)} = K(1 + Ts)$$ (4-17)

比例微分环节的模拟电路如图 4-25 所示。

图 4-25　PD 模拟电路

其传递函数为

$$\frac{U_o(s)}{U_i(s)} = \frac{R_1 + R_2}{R_0}\left(1 + \frac{R_1 R_2}{R_1 + R_2}\frac{Cs}{R_3 Cs + 1}\right)$$ (4-18)

考虑到 $R_3 \ll R_1$、R_2，所以

$$\frac{U_o(s)}{U_i(s)} \approx \frac{R_1 + R_2}{R_0}\left(1 + \frac{R_1 R_2}{R_1 + R_2}Cs\right)$$ (4-19)

比较式(4-17)和式(4-19)得

$$K = \frac{R_1 + R_2}{R_0}$$

$$T = \frac{R_1 R_2}{R_1 + R_2}C$$ (4-20)

当输入为单位阶跃信号，即 $U_i(t) = 1(t)$ 时，$U_i(s) = 1/s$，则由式(4-17)得到

$$U_o(s) = K(1 + Ts)\frac{1}{s} = \frac{K}{s} + KT$$

所以输出响应为

$$U_o(t) = KT\delta(t) + K$$ (4-21)

式中，$\delta(t)$ 为单位脉冲函数。

式(4-21)为理想的比例微分环节的输出响应。考虑到比例微分环节的实际模拟电路[式(4-18)]，则实际输出响应为

$$U_o(t) = \frac{R_1 + R_2}{R_0} + \frac{R_1 R_2}{R_0 R_3}e^{-\frac{t}{R_3 C}}$$ (4-22)

(6) 比例积分微分(PID)环节。其方块图如图 4-26 所示。

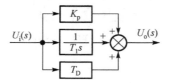

图 4-26　PID 方块图

其传递函数为

$$\frac{U_o(s)}{U_i(s)} = K_p + \frac{1}{T_1 s} + T_D s \tag{4-23}$$

比例积分微分环节的模拟电路如图 4-27 所示。

其传递函数为

$$\frac{U_o(s)}{U_i(s)} = \frac{R_1 + R_2}{R_0} + \frac{1}{R_0 C_1 s} + \frac{R_2 C_2}{R_0 C_1} \frac{R_1 C_1 s + 1}{R_3 C_2 s + 1} \tag{4-24}$$

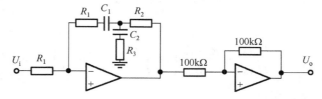

图 4-27　比例积分微分环节的模拟电路

考虑到 $R_1 \gg R_2 \gg R_3$，则式(4-24)可近似为

$$\frac{U_o(s)}{U_i(s)} \approx \frac{R_1}{R_0} + \frac{1}{R_0 C_1 s} + \frac{R_1 R_2}{R_0} C_2 s \tag{4-25}$$

比较式(4-23)和式(4-25)得

$$K_p = \frac{R_1}{R_0}, \quad T_1 = R_0 C_1, \quad T_D = \frac{R_1 R_2}{R_0} C_2 \tag{4-26}$$

当输入为单位阶跃信号，即 $U_i(t) = 1(t)$ 时，$U_i(s) = 1/s$，则由式(4-23)得到

$$U_o(s) = \left(K_p + \frac{1}{T_1 s} + T_D s \right) \frac{1}{s}$$

所以输出响应为

$$U_o(t) = T_D \delta(t) + K_p + \frac{1}{T_1} t \tag{4-27}$$

式中，$\delta(t)$ 为单位脉冲函数。

式(4-27)为理想的比例积分微分环节的输出响应，考虑到比例积分微分环节的实际模拟电路[式(4-24)]，则实际输出响应为

$$U_o(t) = \frac{R_1 + R_2}{R_0} + \frac{1}{R_0 C_1} t + \frac{R_2 C_2}{R_0 C_1} \left[1 + \left(\frac{R_1 C_1}{R_3 C_2} - 1 \right) e^{-\frac{t}{R_3 C_3}} \right] \tag{4-28}$$

4．实验内容及步骤

观测比例、积分、比例积分、惯性环节、比例微分和比例积分微分环节的阶跃响应曲线。

准备：阶跃信号电路可采用图 4-28 所示电路。

步骤如下。

（1）选定图 4-17 中电子元件的参数并记录参数值在实验记录表中的相应位置。按照电路图接线；图 4-28 的 OUT$_1$ 接 15V 或者 12V。

（2）将模拟电路输入端（U_i）与图 4-28 的输出端相连接；模拟电路输出端（U_o）接接口的采集输入端 1 或 2；

（3）设置显示器界面参数：可使用默认值。

（4）单击采集开关按钮和窗口右上方的小箭头，开启数据采集与显示系统，同时将图 4-28 中的 K$_1$ 闭合（向上推）。用显示器观测输出端的响应曲线 $U_o(t)$，当阶跃显示曲线开始出现，就立刻将"采集开关"关闭。

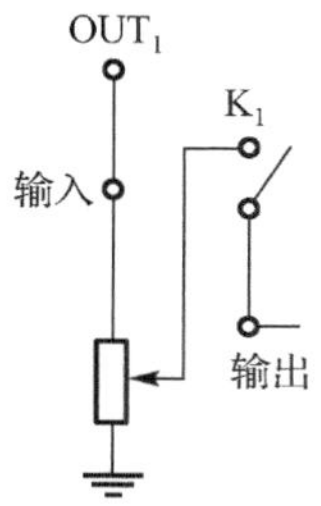

（5）将阶跃信号和阶跃响应曲线记录在实验记录表 4-4 中的相应位置。

（6）分别按图 4-19、图 4-21、图 4-23、图 4-25、图 4-27 所示电路接线，重复步骤（1）～（5）。

图 4-28　阶跃信号电路

表 4-4　实验记录表格

环节		比例环节		积分环节		比例积分环节	
		$R_0=$　　$R_1=$		$R_0=$　　$C=$		$R_0=$　　$R_1=$	
						$C=$	
阶跃响应波形	理想曲线						
	实测曲线						

环节		惯性环节		比例微分环节			比例积分微分环节		
		$R_0=$　　$C=$		$R_0=$　　$R_1=$　　$C=$			$R_0=$　　$R_1=$　　$C_1=$		
		$R_1=$		$R_2=$　　$R_3=$			$R_2=$　　$R_3=$　　$C_2=$		
阶跃响应波形	理想曲线								
	实测曲线								

5. 实验报告要求

(1)实验前计算确定典型环节模拟电路的元件参数各一组，并推导环节传递函数参数与模拟电路电阻、电容值的关系，画出理想阶跃响应曲线。

(2)实验记录原始数据。

(3)实验结果分析、讨论和建议。

6. 思考题

(1)由运算放大器组成的各种环节的传递函数是在什么条件下推导出的？输入电阻、反馈电阻的阻值范围可任意选用吗？

(2)图 4-17、图 4-19、图 4-21、图 4-23、图 4-25 和图 4-27 中若无后面一个比例环节，则其传递函数有什么差别？

(3)惯性环节在什么情况下可近似为比例环节？而在什么情况下可近似为积分环节？

7. 预习要求

(1)使用 MATLAB 中的 Simulink 软件仿真实验内容。

(2)预习实验内容并根据仿真结果，书写实验预习报告。

4.4.2 典型系统的瞬态响应和稳定性

1. 实验目的

(1)学习瞬态性能指标的测试方法。

(2)了解参数对系统瞬态性能及稳定性的影响。

(3)通过本实验，掌握硬件连接和获取并分析实验数据的技能。

2. 实验要求

(1)观测不同参数下二阶系统的阶跃响应并测出性能指标：超调量 M_P、峰值时间 t_p、调节时间 t_s。

(2)观测增益对典型三阶系统稳定性的影响。

3. 实验仪器

(1)自动控制原理学习机。

(2)THDAQ-PCI 软件。

(3)万用表。

4. 实验原理

应用模拟电路来模拟典型二阶系统和三阶系统。

(1)图 4-29 是典型二阶系统原理方块图，其中 T_0=1s，T_1=0.1s。

图 4-29 二阶系统

开环传递函数为

$$G(s) = \frac{K_1}{T_0 S(T_1 s + 1)} = \frac{K}{S(T_1 s + 1)} \tag{4-29}$$

式中，$K = K_1 / T_0$ 为开环增益。

闭环传递函数为

$$W(s) = \frac{K}{T_1 s^2 + s + K} = \frac{1}{T^2 s^2 + 2T\xi s + 1} = \frac{\omega_n^2}{s^2 + 2\xi\omega_n s + \omega_n^2} \tag{4-30}$$

式中

$$\omega_n = \frac{1}{T} = \sqrt{K / T_1} = \sqrt{K_1 / T_1 T_0} \tag{4-31}$$

$$\xi = \frac{1}{2}\sqrt{T_0 / K_1 T_1} \tag{4-32}$$

① 当 $0 < \xi < 1$，即欠阻尼情况时，二阶系统的阶跃响应为衰减振荡，如图 4-30 中曲线 ①所示。

$$C(t) = 1 - \frac{e^{-\xi\omega_n t}}{\sqrt{1 - \xi^2}} \sin(\omega_d t + \theta), \quad t \geq 0 \tag{4-33}$$

式中

$$\omega_d = \omega_n \sqrt{1 - \xi^2}$$

$$\theta = \arctan\frac{\sqrt{1 - \xi^2}}{\xi}$$

峰值时间可由式(4-33)对时间求导数，并令它等于零得到：

$$t_p = \pi / \omega_d = \frac{\pi}{\omega_n \sqrt{1 - \xi^2}} \tag{4-34}$$

超调量 M_P：由 $M_P = C(t_p) - 1$ 求得

$$M_P = e^{-\xi\pi / \sqrt{1 - \xi^2}} \tag{4-35}$$

调节时间 t_s，采用 2% 允许误差范围时，近似地等于系统时间常数 $\frac{1}{\xi\omega_n}$ 的 4 倍，即

$$t_s = \frac{4}{\xi\omega_n} \tag{4-36}$$

② 当 $\xi = 1$，即临界阻尼情况时，系统的阶跃响应为单调的指数曲线，如图 4-30 中曲线 ②所示。

输出响应 $C(t)$ 为

$$C(t) = 1 - e^{-\omega_n t}(1 + \omega_n t), \quad t \geq 0 \tag{4-37}$$

这时，调节时间 t_s 可由下式求得

$$C(t_s) = 1 - e^{-\omega_n t_s}(1 + \omega_n t_s) = 0.98 \tag{4-38}$$

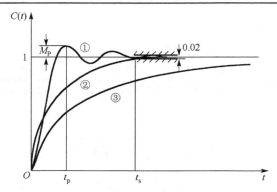

图 4-30　二阶系统阶跃输入下的瞬态响应

③ 当 $\xi > 1$，即过阻尼情况时，系统的阶跃响应为单调的指数曲线：

$$C(t) = 1 + \frac{\omega_n}{2\sqrt{\xi^2 - 1}} \left(\frac{e^{-s_1 t}}{s_1} - \frac{e^{-s_2 t}}{s_2} \right), \quad t \geq 0 \tag{4-39}$$

式中，$s_1 = (\xi + \sqrt{\xi^2 - 1})\omega_n$，$s_2 = (\xi - \sqrt{\xi^2 - 1})\omega_n$。

当 ξ 远大于 1 时，可忽略 $-s_1$ 的影响，则

$$C(t) = 1 - e^{-(\xi - \sqrt{\xi^2 - 1})\omega_n t}, \quad t \geq 0 \tag{4-40}$$

这时，调节时间 t_s 近似为

$$t_s = \frac{4}{(\xi - \sqrt{\xi^2 - 1})\omega_n} \tag{4-41}$$

图 4-31 是图 4-29 的模拟电路图及阶跃信号电路图

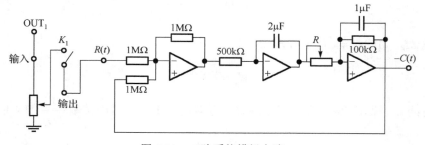

图 4-31　二阶系统模拟电路

(2) 图 4-32 是典型三阶系统原理方块图。

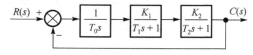

图 4-32　典型三阶系统方块图

开环传递函数为

$$G(s)H(s) = \frac{K_1 K_2}{T_0 s (T_1 s + 1)(T_2 s + 1)} = \frac{K}{S(T_1 s + 1)(T_2 s + 1)} \tag{4-42}$$

式中，$K = K_1 K_2 / T_0$（开环增益）。图 4-33 是典型三阶系统模拟电路图。

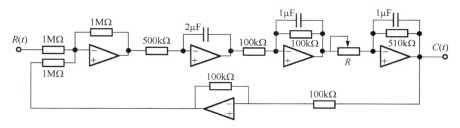

图 4-33　三阶系统模拟电路

三阶系统模拟电路图的开环传递函数为

$$G(s)H(s) = \frac{510 / R}{s(0.1s + 1)(0.51s + 1)} \tag{4-43}$$

式中，R 的单位为 kΩ，比较式（4-42）和式（4-43）得

$$T_0 = 1, \quad T_1 = 0.1, \quad T_2 = 0.51, \quad K = 510 / R \tag{4-44}$$

系统的特征方程为 $1 + G(s)H(s) = 0$，由式（4-42）可得到

$$s(T_1 s + 1)(T_2 s + 1) + K = 0$$

展开得到

$$T_1 T_2 s^3 + (T_1 + T_2)s^2 + s + K = 0 \tag{4-45}$$

将式（4-44）代入式（4-45）得到

$$0.051 s^3 + 0.61 s^2 + s + K = 0$$

或

$$s^3 + 11.96 s^2 + 19.6 s + 19.6 K = 0 \tag{4-46}$$

用劳斯判据求出系统稳定、临界稳定和不稳定时的开环增益

$$
\begin{array}{ccc}
s^3 & 1 & 19.6 \\
s^2 & 11.96 & 19.6K \\
s^1 & \dfrac{11.96 \times 19.6 - 19.6K}{11.96} & \\
s^0 & 19.6K & 0
\end{array}
$$

由

$$11.96 \times 19.6 - 19.6K > 0$$

$$19.6K > 0$$

得到系统稳定范围：　　　　　　　　$0 < K < 11.96 \tag{4-47}$

由

$$11.96 \times 19.6 - 19.6K = 0$$

得到系统临界稳定时，　　　　　　　$K = 11.96 \tag{4-48}$

由 $$11.96 \times 19.6 - 19.6K < 0$$

得到系统不稳定范围： $$K > 11.96 \tag{4-49}$$

将 $K = 510/R$ 代入式 (4-47)~式 (4-49) 得到

$R > 42.6\mathrm{k}\Omega$，系统稳定。

$R = 42.6\mathrm{k}\Omega$，系统临界稳定。

$R < 42.6\mathrm{k}\Omega$，系统不稳定。

系统稳定、临界稳定和不稳定时输出波形如图 4-34~图 4-36 所示。

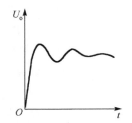

图 4-34　系统稳定时输出波形

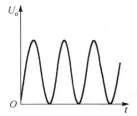

图 4-35　系统临界稳定时输出波形

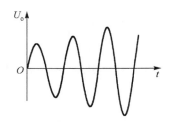

图 4-36　系统不稳定时输出波形

5. 实验内容及步骤

1) 典型二阶系统瞬态性能指标的测试

准备：阶跃信号电路可采用图 4-28 所示电路，选定实验参数和实验电路图中的电阻电容参数。

实验步骤如下。

(1) 按图 4-28 接线；图 4-31 的 $\mathrm{OUT_1}$ 接 15V 或者 12V。

(2) 将模拟电路输入端 (U_i) 与图 4-28 的输出端相连接；模拟电路输出端 (U_o) 接接口的采集输入端 1 或 2。

(3) 设置显示器界面参数，可使用默认值。改变电阻 R，使系统为欠阻尼。

(4) 单击"采集开关"按钮和窗口右上方的小箭头，开启数据采集与显示系统，并紧接着将"幅度调节"处的 $\mathrm{K_1}$ 向上连通。在显示器上观测输出端的相应的阶跃响应 $C(t)$，当曲线开始出现，立即将"采样开关"关闭。测量并在附表 4-5 二阶系统中的相应位置记录超调量 M_P、峰值时间 t_p 和调节时间 t_s。

表 4-5　二阶系统

$R/\text{k}\Omega$	K	ω_n	ξ	$C(t_p)/\text{V}$	$C(\infty)/\text{V}$	$M_p/\%$ 测量值 计算值	t_p/s 测量值 计算值	t_s/s 测量值 计算值

(5) 按照选定的实验参数改变电阻 R，使系统分别处于临界阻尼和过阻尼状态，重复步骤 (4)。

2) 典型三阶系统的性能 (选做)

(1) 按图 4-33 接线，调节电阻 R，使系统分别处于稳定、临界稳定和不稳定三种状态。

(2) 观察系统的阶跃响应，在表 4-6 三阶系统中记录波形，并测量和记录相应的 R 电阻值。

表 4-6　三阶系统

$R/\text{k}\Omega$	K	输出波形	稳定性

6. 实验报告要求

(1) 实验前按给定参数算出二阶系统的性能指标 M_P、t_p、t_s 的理论值。

(2) 实验观测记录的原始数据。

(3) 实验数据和实验结果分析、体会和建议。

7. 思考题

(1) 在实验线路中如何确保系统实现负反馈？如果反馈回路中有偶数个运算放大器，则构成什么反馈？

(2) 有哪些措施能增加系统稳定度？它们对系统的性能还有什么影响？

(3) 实验中阶跃输入信号的幅值范围应该如何考虑？

8. 预习要求

(1) 使用 MATLAB 中的 Simulink 软件仿真实验内容。

(2) 预习实验内容并根据仿真结果，书写实验预习报告。

4.4.3 动态系统的数值模拟

1. 实验目的

(1)初步学习并基本掌握利用 MATLAB 语言进行控制系统分析和设计的方法。

(2)了解基本动态环节的参数对控制系统指标的影响。

(3)通过本实验，掌握用 MATLAB 仿真控制系统的技能。

2. 实验要求

(1)控制系统的模型建立。

(2)典型环节的动态模拟。

(3)掌握根轨迹的绘制。

(4)掌握频率分析和系统及校正的方法。

3. 实验内容

(1)用 MATLAB 进行二阶、三阶系统建模。

(2)二阶、三阶系统的阶跃响应。

(3)二阶、三阶系统及高阶系统根轨迹的绘制。

(4)动态系统的频率特性分析。

(5)动态系统的校正分析。

具体内容如下。

1)时域分析

(1)某二阶系统传递函数为 $W_B(s) = \dfrac{\omega_n^2}{s^2 + 2\xi\omega_n s + \omega_n^2}$ ，已知 $\omega_n = 1\text{rad}/\text{s}$ ，当 $\xi = 0.1$ 、0.2、0.5、0.707、0.9 时，①分别求绘制该系统的阶跃响应；②分别求各种情况下，系统的上升时间、峰值时间、调节时间(2%)和超调量。

(2)零极点对控制系统性能的影响。已知传递函数为 $W_B(s) = \dfrac{2}{s^2 + s + 2}$ 。①分别求加入附加零点分别为–2、–1、–0.4 时，系统的单位阶跃响应；②求加入附加极点分别为–1.5、–0.6、–0.4 时，系统的单位阶跃响应。

(3)稳态误差：已知 3 个系统的开环传递函数分别为

$$G_1(s) = \frac{1}{s+1}, \quad G_2(s) = \frac{1}{s(s+1)}, \quad G_3(s) = \frac{4s+1}{s^2(s+1)}$$

请分别计算这 3 个系统对单位阶跃和单位斜坡信号的响应并计算稳态误差。

2)根轨迹

求开环传递函数所对应的负反馈系统的根轨迹。

(1) $W_k(s) = \dfrac{K_g(s+3)}{(s+1)(s+2)}$ 。

(2) $W_k(s) = \dfrac{K_g(s+5)}{s(s+3)(s+2)}$ 。

(3) $W_k(s) = \dfrac{K_g(s+3)}{(s+1)(s+5)(s+10)}$。

(4) $W_k(s) = \dfrac{K_g(s+2)}{s^2+2s+3}$。

(5) $W_k(s) = \dfrac{K_g}{s(s+2)(s^2+2s+2)}$。

(6) $W_k(s) = \dfrac{K_g(s+2)}{s(s+3)(s^2+2s+2)}$。

(7) $W_k(s) = \dfrac{K_g(s+1)}{s(s-1)(s^2+4s+16)}$。

(8) $W_k(s) = \dfrac{K_g(0.1s+1)}{s(s+1)(0.25s+1)^2}$。

3) 频率法

绘出下列各传递函数对应的幅相频率特性和对数频率特性。

(1) $W(s) = Ks^{-N}$，$K = 10$，$N = 1, 2$。

(2) $W(s) = \dfrac{10}{0.1s \pm 1}$。

(3) $W(s) = Ks^{N}$，$K = 10$，$N = 1, 2$。

(4) $W(s) = 10(0.1s \pm 1)$。

(5) $W(s) = \dfrac{4}{s(s+2)}$。

(6) $W(s) = \dfrac{4}{(s+1)(s+2)}$。

(7) $W(s) = \dfrac{s+3}{s+20}$。

(8) $W(s) = \dfrac{s+0.2}{s(s+0.02)}$。

(9) $W(s) = T^2s^2 + 2\xi Ts + 1$，$\xi = 0.707$。

(10) $W_k(s) = \dfrac{25(0.2s+1)}{s^2+2s+1}$。

4．实验要求

(1)本实验需要使用 MATLAB 编程软件，应在课前提前学习，并根据例题编写实验程序。

(2)要求尽量在课上完成实验具体内容三项中每一项的第一题。其余在课后完成。

5．思考题

时域分析、根轨迹和频域分析各自的特点是什么？

6．预习要求

(1)使用 MATLAB 中的 Simulink 软件仿真实验内容。

(2)预习实验内容并根据仿真结果，书写实验预习报告。

4.4.4　动态系统的频率特性研究

1. 实验目的

(1) 学习频率特性的实验测试方法。

(2) 掌握根据频率响应实验结果绘制 Bode 图的方法。

(3) 根据实验结果所绘制的 Bode 图，分析二阶系统的主要动态特性 (M_P, t_s)。

(4) 通过本实验，掌握硬件连接、获取并分析实验数据的技能。

2. 实验设备

(1) 自动控制原理学习机。

(2) THDAQ-PCI 软件。

(3) 万用表。

3. 实验内容

典型二阶系统方块图如图 4-37 所示。

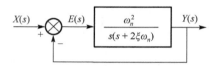

图 4-37　典型二阶系统方块图

其闭环频率响应为

$$\frac{Y(\mathrm{j}\omega)}{X(\mathrm{j}\omega)} = \frac{1}{1 + 2\xi\mathrm{j}\left(\dfrac{\omega}{\omega_n}\right) + \left(\mathrm{j}\dfrac{\omega}{\omega_n}\right)^2} = \frac{1}{\left[1 - \left(\dfrac{\omega}{\omega_n}\right)^2\right] + \mathrm{j}2\xi\left(\dfrac{\omega}{\omega_n}\right)}$$

式中，ω_n 为无阻尼自然频率；ξ 为阻尼比；$\omega = \dfrac{1}{T}(\mathrm{rad}/\mathrm{s})$。

模拟电路如图 4-38 所示。

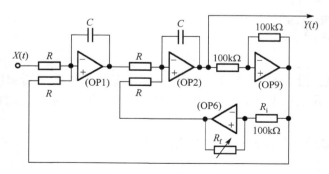

图 4-38　模拟电路

无阻尼自然频率和阻尼比为

$$\omega_n = \frac{1}{T} = \frac{1}{RC}, \quad \xi = \frac{K}{2} = \frac{1}{2}\frac{R_f}{R_i}$$

(1)选定 R、C、R_f 值,使 $\omega_n = 1$,$\xi = 0.2$。

(2)接通信接口的信号源为系统的输入信号(软件中,信号源类型选择正弦信号),即 $x(t) = X\sin\omega t$,稳态时其响应为 $y(t) = Y\sin(\omega t + \varphi)$。

(3)改变输入信号的频率,使角频率 ω 分别等于(或接近等于)0.2rad/s、0.4rad/s、0.6rad/s、0.8rad/s、0.9rad/s、1.0rad/s、1.2rad/s、1.4rad/s、1.6rad/s、2.0rad/s、3.0rad/s,稳态时,记录屏幕显示的正弦输入 $x(t) = X\sin\omega t$ 和正弦输出响应 $y(t) = Y\sin(\omega t + \varphi)$。记录曲线序号依次记作①~⑪。

(4)按表 4-7 整理实验数据。

表 4-7 频率响应实验的实验参数和实验数据记录表

记录曲线序号	①	②	③	④	⑤	⑥	⑦	⑧	⑨	⑩	⑪
ω /(rad/s)	0.2	0.4	0.6	0.8	0.9	1.0	1.2	1.4	1.6	2.0	3.0
信号周期/s	31.4	15.7	10.4	7.85	6.98	6.28	5.23	4.49	3.93	3.14	2.09
信号幅度/V	5	5	5	3	3	3	3	5	5	5	5
横坐标 X_{max}/s	31.4	31.4	20.8	15.7	13.96	12.56	10.46	8.98	7.86	6.28	4.18
采样点数	500	500	500	500	500	500	500	500	500	500	500
采样频率	16	16	24	32	36	40	48	56	64	80	120
正弦输入信号的幅值/V											
输出信号的幅值/V											
输入输出同相位的坐标差/s											
$A(\omega)$											
$L(\omega)$											
$\varphi(\omega)$											

4. 完成实验报告

根据表 4-7 所整理出的实验数据,在半对数坐标纸上绘制 Bode 图,标出 M_r、ω_r。

5. 思考题

理论计算不同 ω 值时的 $L(\omega)$ 和 $\varphi(\omega)$,并与实验结果进行比较。

6. 预习要求

(1)使用 MATLAB 中的 Simulink 软件仿真实验内容。

(2)预习实验内容并根据仿真结果,书写实验预习报告。

4.4.5 动态系统的校正研究

1. 实验目的

(1)了解和观测校正装置对系统稳定性及瞬态特性的影响。

(2)学习校正装置的设计和实现方法。

(3)通过本实验掌握硬电路的设计、硬件连接、获取并分析实验数据的技能。

2. 实验设备

(1)自动控制原理学习机。

(2)THDAQ-PCI 软件。

(3)万用表。

3. 实验原理

(1)未校正系统的原理方块图如图 4-39 所示，图 4-40 是它的模拟电路。

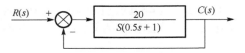

图 4-39　未校正系统方块图

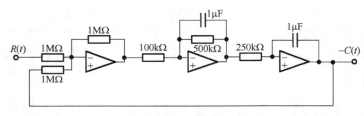

图 4-40　未校正系统模拟电路

系统的闭环传递函数为

$$W(s) = \frac{20}{0.5s^2 + s + 20} = \frac{40}{s^2 + 2s + 40} \tag{4-50}$$

系统的无阻尼自然频率 ω_n 为

$$\omega_n = \sqrt{40} = 6.32$$

阻尼比

$$\xi = \frac{1}{\omega_n} = 0.158$$

所以未校正时系统的超调量 M_P 为

$$M_P = e^{-\xi\pi/\sqrt{1-\xi^2}} = 0.60 = 60\%$$

调节时间 t_s 为

$$t_s = \frac{4}{\xi\omega_n} = 4\text{s}$$

系统静态速度误差系数 $K_v = 20$　1/秒 。

要求设计串联校正装置使系统满足下述性能指标：

超调量 $M_P \leqslant 25\%$ ；

调节时间 $t_s \leqslant 1\text{s}$ ；

静态速度误差系数 $K_v \geqslant 20$　1/秒 。

串联校正装置的设计。常用校正装置电路如图 4-41 所示，校正网络的传递函数为

$$G_{\mathrm{C}}(s) = K\frac{T_1 s + 1}{T_2 s + 1} \tag{4-51}$$

式中

$$K = (R_1 + R_2)/R_0$$

$$T_1 = \left(\frac{R_1 R_2}{R_1 + R_2} + R_3\right)C$$

$$T_2 = R_3 C$$

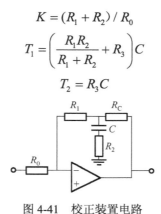

图 4-41　校正装置电路

注意 $R_3 \ll R_1$、R_2。根据系统的性能指标要求，并利用常用串联校正装置，对系统进行校正设计。

(2)将设计好的串联校正装置加入到未校正系统模拟电路中。

校正后系统的方块图如图 4-42 所示。

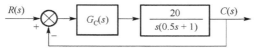

图 4-42　校正后系统方块图

注意校正后系统负反馈的实现。

4．实验内容及步骤

1)测量未校正系统的性能指标

(1)按图 4-40 接线。

(2)加阶跃电压，观察相应曲线，并测出超调量 M_{P} 和调节时间 t_{s}。

2)测量校正后系统的性能指标

(1)按所设计的系统图接线。

(2)加阶跃电压，观察相应曲线，并测出超调量 M_{P} 和调节时间 t_{s}。

5．完成实验报告

(1)未校正系统性能分析。

(2)校正后系统性能分析。

(3)实验记录。

(4)实验结果分析、体会和建议。

6．思考题

除串联校正装置外，还有什么校正装置？它们的特点是什么？如何选用校正装置类型？

7. 预习要求

(1) 使用 MATLAB 中的 Simulink 软件仿真实验内容。

(2) 预习实验内容并根据仿真结果，书写实验预习报告。

4.4.6 典型非线性环节研究

1. 实验目的

(1) 学习运用自动控制原理学习机实现典型非线性环节的方法。

(2) 分析典型非线性环节的输入-输出特性。

(3) 通过本实验，掌握硬件连接、获取并分析实验数据的技能。

2. 实验设备

(1) CZ-AC 型机。

(2) THDAQ-PCI。

(3) 万用表。

3. 实验内容

1) 死区非线性特性

模拟电路见图 4-43，输入-输出特性曲线见图 4-44。

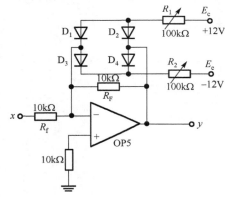

图 4-43　模拟电路一

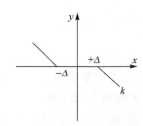

图 4-44　输入-输出特性曲线一

死区非线性特征值

$$\Delta = -\frac{R_{\mathrm{f}}}{R_2}E_{\mathrm{e}}, \quad -\Delta = -\frac{R_{\mathrm{f}}}{R_1}E_{\mathrm{c}}$$

放大区斜率

$$k \approx -\frac{R_{\mathrm{F}}}{R_{\mathrm{f}}}$$

(1) 改变死区非线性特征值 Δ，使 $\Delta = 10\mathrm{V}$、$5\mathrm{V}$、$1.5\mathrm{V}$，观察并记录输入-输出特性曲线。

(2) 改变放大区斜率 k，观察并记录输入-输出特性曲线。

2) 饱和非线性特性

模拟电路见图 4-45。输入-输出特性曲线见图 4-46。

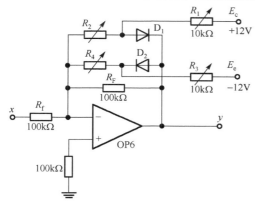

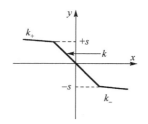

图 4-45　模拟电路二　　　　　　　　　　图 4-46　输入-输出特性曲线二

饱和非线性特征值

$$-s \approx \frac{R_2}{R_1} E_e, \quad s \approx \frac{R_4}{R_3} E_c$$

放大区斜率

$$k \approx \frac{R_F}{R_f}$$

限幅区斜率

$$k'_+ \approx \frac{R_2 // R_F}{R_f}, \quad k'_- \approx \frac{R_4 // R_F}{R_f}$$

（1）改变饱和非线性特征值 s，使 s=9V、6V、2.25V，观察并记录输入-输出特性曲线。

（2）改变斜率 k，观察并记录输入-输出特性曲线。

（3）为使限幅区特性平坦，可采用双向稳压管组成的限幅电路。

模拟电路见图 4-47，输入-输出特性曲线见图 4-48。

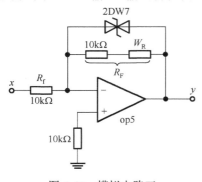

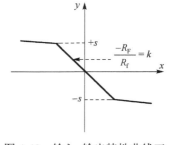

图 4-47　模拟电路三　　　　　　　　　　图 4-48　输入-输出特性曲线三

$$s = E_W$$

式中，E_W 为稳压管的稳定电压。

$$k = \frac{R_F}{R_f}, \quad R_F = R'_F + 10(\text{k}\Omega)$$

4. 思考题

(1)比较死区非线性特征值 Δ 的计算值与实测数据，分析产生误差的原因。

(2)比较饱和非线性特征值 s 的计算值与实测数据，分析产生误差的原因。

5. 预习要求

(1)使用 MATLAB 中的 Simulink 软件仿真实验内容。

(2)预习实验内容并根据仿真结果，书写实验预习报告。

4.4.7　非线性控制系统分析

1. 实验目的

(1)研究典型非线性环节对线性系统的影响。

(2)观察非线性系统的自持振荡，应用描述函数法分析非线性系统。

(3)通过本实验，掌握硬件连接、获取并分析实验数据的技能。

2. 实验设备

(1)CZ-AC 型机。

(2)THDAQ-PCI。

3. 实验内容

1)死区非线性特性对线性系统的影响

具有死区特性的非线性系统，传递方块图见图 4-49，模拟电路见图 4-50。

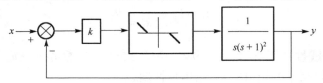

图 4-49　传递方块图一

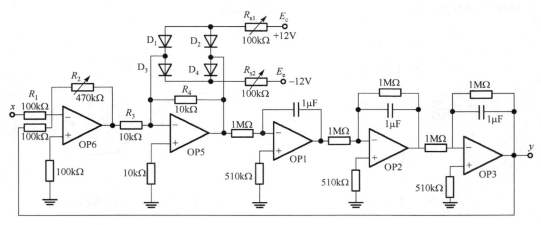

图 4-50　模拟电路一

(1)在没有死区非线性环节时(将死区特性环节接成反相器)，改变 k 值，使 $k=1, 2, 2.5$，观察并记录线性系统在输入阶跃信号 x 作用下，系统呈现稳定与不稳定动态过程。

(2)加入死区非线性环节，死区特征值 $\Delta = 5\text{V}$，改变 k 值，使 $k = 1, 2.5$，观察并记录非线性系统在输入阶跃信号 x 作用下，系统的动态过程。与不加非线性环节时的线性系统进行对比分析。

（3）死区特征值 $\Delta = 5V$，系统不稳定（$k=2.5$）时，改变输入阶跃信号的大小，使 $x=1V$、$5V$，观察并记录系统的动态过程，分析输入信号 x 的大小，分析对具有死区特性的非线性系统的影响。

（4）改变死区特征值 Δ，记录系统动态过程。

2）饱和非线性特性对线性系统的影响。

具有饱和特性的非线性系统的传递方块图见图 4-51。

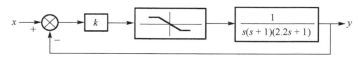

图 4-51　传递方块图二

模拟电路见图 4-52。

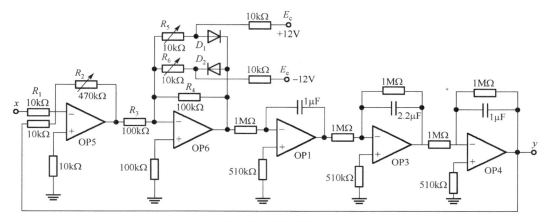

图 4-52　模拟电路二

（1）没有饱和非线性环节（将饱和环节接成反相器）时改变 k 值，使 $k = 0.68$、1.5、2，输入阶跃信号 x，观察并记录线性系统的动态过程，判断系统的稳定性。

（2）加入饱和非线性环节，改变 k 值，使 $k = 0.68$、2，输入阶跃信号 x，判断系统稳定性。当出现自持振荡时，记录自持振荡的频率和振幅，并与理论计算值进行比较。

（3）饱和非线性特征值 $s = 2.25V$，系统不稳定（$k = 2$）时，改变输入阶跃信号的幅度使 $x = 1V$、$5V$，记录系统的动态过程，分析输入信号 x 的大小对具有饱和特性的非线性系统的影响。

（4）输入信号 $x = 3V$，系统不稳定（$k = 2$）时，改变饱和非线性特征值 s，使 $s=0.75V$、$1.5V$、$3V$，记录系统的动态过程。

4. 思考题

（1）从实验曲线分析死区非线性特性对线性系统的影响。

（2）从实验曲线分析饱和非线性对线性系统的影响。

（3）应用描述函数法分析非线性的系统，比较理论计算与实验结果，分析产生误差的原因。

（4）自行设计具有滞环特性的非线性系统的模拟电路图，试作滞环非线性对线性系统影响的实验分析。

5. 预习要求

(1)使用 MATLAB 中的 Simulink 软件仿真实验内容。

(2)预习实验内容并根据仿真结果，书写实验预习报告。

4.5　综 合 应 用

4.5.1　直流电机的速度控制系统

1. 实验目的

(1)在自动控制理论实验基础上，控制实际的模拟对象，加深对理论的理解。

(2)掌握闭环控制系统的参数调节对系统动态性能的影响。

(3)通过本实验，掌握 PID 参数的设计、硬件连接、获取并分析实验数据的技能。

2. 实验设备

(1)ACCC-ⅡA 型自动控制理论及计算机控制技术实验装置。

(2)数字式万用表。

(3)ACT-DT8 电机转速控制模型。

3. 实验原理

图 4-53 为直流电机调速系统的结构框图，它由给定 U_g、PID 调节器、电机驱动单元、转速测量电路和输出电压反馈等几个部分组成。在参数给定的情况和 PID 调节器的补偿作用下，直流电机可以按给定的转速闭环稳定运转。

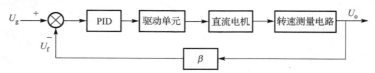

图 4-53　直流电机调速系统框图

给定 U_g 由 ACCT-ⅡA 型自动控制理论及计算机控制技术的实验面板上的电源单元 U1 提供，电压变化范围为 1.3～15V。

经 PID 运算后的控制量作为驱动单元输入信号，经过功率放大后驱动电机运转。

转速测量电路单元将转速转换成电压信号，作为反馈信号，构成闭环系统。它由转盘、光电转换和频率/电压(F/V)转换电路组成。由于转速测量的转盘为 60 齿，电机旋转一周，光电变换后输出 60 个脉冲信号，对于转速为 n 的电机来说，输出的脉冲频率为 $60n$/min。我们用这个信号接入以秒作为计数单位的频率计时，频率计的读数即为电机的转速，所以转速测量输出的电压即为频率/电压转换电路的输出，这里的 F/V 转换率为 150Hz/V。

根据设计要求改变输出电压反馈系数 β 可以得到预设的输出电压。

4. 实验内容及步骤

实验的接线图如图 4-54 所示，除了实际的模拟对象、电压表和转速计表外，其中的模拟电路由 ACCT-ⅡA 型自动控制理论及计算机控制技术实验板上的运放单元和备用元器件搭建而成。这里给出一组参考的实验参数，仅供参考，在实际的实验中需要联系实际的控制对象进行参数的试凑，以达到预定的效果。参考的试验参数为

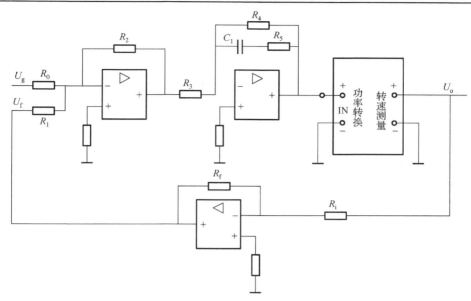

图 4-54　直流电机调速系统接线图

$R_0=R_1=R_2=100\text{k}\Omega$，$R_3=100\text{k}\Omega$，$R_4=2\text{M}\Omega$，$R_5=10\text{k}\Omega$，$C_1=1\mu\text{F}$，$R_f/R_i=1$。

具体的实验步骤如下。

(1)将 ACCT-ⅡA 自动控制理论及计算机控制技术和 ACT-DT8 电机转速控制模型上的电源船形开关均放在 OFF 状态。

(2)利用 ACCT-ⅡA 实验板上的单元电路 U9、U15 和 U11，设计并连接如图 4-54 所示的闭环系统。需要注意的是，运放的锁零信号 G 接到–15V。

① 将 ACCT-ⅡA 面板上 U1 单元的可调电压接到 U_g。

② 给定输出接 PID 调节器的输入，这里参考电路中 $K_d=0$，R_4 的作用是提高 PID 调节器的动态特性。

③ 经 PID 运算后给电机驱动电路提供输入信号，即将调节器电路单元的输出接到 ACT-DT8 面板上的功率转换电路的正极输入端(IN+)，负极端(IN–)接地。

④ 功率转换的输出接到直流电机的电枢两端。

⑤ 转速测量的输出同时接到电压反馈输入端和 20V 电压表头的输入端，由于转速测量输出的电压为正值，所以反馈回路中接一个反馈系数可调节的反相器。调节反馈系数 $\beta = R_f/R_i$，从而调节输出的电压 U_o。

(3)连接好上述线路，全面检查线路后，先合上 ACT-DT8 实验面板上的电源船形开关，再合上 ACCT-ⅡA 面板上的船形开关，调整 PID 参数，使系统稳定，同时观测输出电压的变化情况。

(4)在闭环系统稳定的情况下，外加干扰信号，系统达到无静差。如果达不到，则根据 PID 参数对系统性能的影响重新调节 PID 参数。

(5)改变给定信号，观察系统动态特性。

5. 思考题

直流电机的输入输出特性是什么？有什么样的特点？

6. 预习要求

(1)查找或者推导直流电机的数学模型,使用 MATLAB 中的 Simulink 软件仿真实验内容。

(2)预习实验内容并根据仿真结果,书写实验预习报告。

(3)ACT-WKA 温度检测与控制模块。

4.5.2　温度控制系统

1. 实验目的

(1)在自动控制理论实验基础上,控制实际的模拟对象,加深对理论的理解。

(2)掌握闭环控制系统的参数调节对系统动态性能的影响。

(3)通过本实验,掌握 PID 参数的设计、硬件连接、获取并分析实验数据的技能。

2. 实验设备

(1)ACCC-ⅡA 型自动控制理论及计算机控制技术实验装置。

(2)数字式万用表。

3. 实验内容

温度控制系统框图如图 4-55 所示,由给定 U_g、PID 调节器、脉宽调制电路、加温室、温度变送器和输出电压反馈等部分组成。在参数给定的情况下,经过 PID 运算产生相应的控制量,使加温室里的温度稳定在给定值。

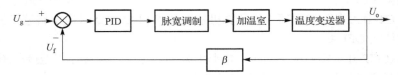

图 4-55　温度控制系统框图

给定 U_g 由 ACCT-ⅡA 自动控制理论及计算机控制技术的实验面板上的电源单元 U1 提供,电压变化范围为 1.3～15V。

PID 调节器的输出作为脉宽调制的输入信号,经脉宽调制电路产生占空比可调 0～100% 的脉冲信号,作为对加温室里电热丝的加热信号。

温度测量采用 Cu50 热敏电阻,经温度变送器转换成电压反馈量,温度输入范围为 0～200℃,温度变送器的输出电压范围为 DC0～10V。

根据实际的设计要求,调节反馈系数 β,从而调节输出电压。

4. 实验内容及步骤

实验的接线图如图 4-56 所示,除了实际的模拟对象和电压表外,其中的模拟电路由 ACCT-ⅡA 型自动控制理论及计算机控制技术实验板上的运放单元和备用元器件搭建而成。参考的实验参数(仅供参考)为 $R_0=R_1=R_2=100\mathrm{k}\Omega$, $R_3=100\mathrm{k}\Omega$, $R_4=2\mathrm{M}\Omega$, $R_5=1\mathrm{k}\Omega$, $C_1=1\mu\mathrm{F}$, $R_f/R_i=2$。

具体的实验步骤如下。

(1)先将 ACCT-ⅡA 自动控制理论及计算机控制技术和 ACT-WKA 温度检测和控制模型上的电源船形开关均放在 OFF 状态。

(2)利用 ACCT-ⅡA 实验板上的单元电路 U9、U15 和 U11,设计并连接如图 4-56 所示的闭环系统。需注意的是运放的锁零信号 G 接–15V。

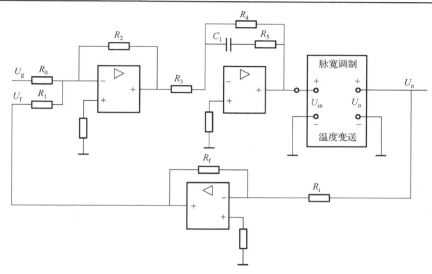

图 4-56　温度控制系统接线图

① 将 ACCT-ⅡA 面板上 U1 单元的可调电压接到 U_g。

② 给定输出接 PID 调节器的输入，这里参考电路中 $K_d = 0$，R_4 的作用是提高 PID 调节器的动态特性。

③ 经过 PID 运算调节器输出(0~10V)接到 ACCT-ⅡA 面板上温度的检测和控制单元的脉宽调制的输入端 U_{in} 两端，脉宽调制后输出的电压作为加温室里电热丝加热的输入电压。

④ 温度变送器通过检测 Cu50 热敏电阻的温度，然后转换成电压信号，作为反馈信号。温度变送器的输出 U_o 接到电压反馈输入端，同时接到电压表的输入端，通过电压表来观测相应的温度变化。

⑤ 由于温度变送器输出的电压为正值，所以反馈回路中接一个反馈系数可调节的反相器。调节反馈系数 $\beta = R_f/R_i$，从而调节输出的电压 U_o。

(3)连接好上述电路，全面检查线路后，先合上 ACT-WKA 实验面板上的电源船形开关，再合上 ACCT-ⅡA 面板上的船形开关，调整 PID 参数，使系统稳定，同时观测输出电压变化情况。

(4)在闭环系统稳定的情况下，外加干扰信号，系统达到无静差。如果达不到，则根据 PID 参数对系统性能的影响重新调节 PID 参数。

(5)改变给定信号，观察系统动态特性。

5. 思考题

温度控制的特点是什么？如何选择控制器的类型？

6. 预习要求

(1)设定温度控制对象的数学模型，使用 MATLAB 中的 Simulink 软件仿真实验内容。

(2)预习实验内容并根据仿真结果，书写实验预习报告。

4.5.3　水箱水位的控制系统

1. 实验目的

(1)在自动控制理论实验基础上，控制实际的模拟对象，加深对理论的理解。

(2)学习和掌握闭环反馈系统的控制方法。

(3)通过本实验，掌握 PID 参数的设计、硬件连接、获取并分析实验数据的技能。

2. 实验设备

(1)ACCC-ⅡA 型自动控制理论及计算机控制技术实验装置。

(2)数字式万用表。

(3)ACT-YK4 二阶液位控制系统模型。

3. 实验原理

水箱液位控制系统框图如图 4-57 所示，由给定 U_g、PID 调节器、功率放大、水泵、液位测量和输出电压反馈电路组成。在参数给定的情况下，经过 PID 运算产生相应的控制量，使水箱里的水位稳定在给定值。

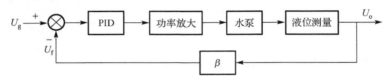

图 4-57　水箱液位控制系统框图

给定 U_g 由 ACCT-ⅡA 型自动控制理论及计算机控制技术的实验面板上的电源单元 U1 提供，电压变化范围为 1.3～15V。

PID 调节器的输出作为水泵的输入信号，经过功率放大后作为水泵的工作电源，从而控制水的流量。

液位测量通过检测有机玻璃水箱的水压，转换成电压信号作为电压反馈信号，水泵的水压为 0～6kPa，输出电压为 0～10V，这里由于水箱的高度受实验台的限制，所以调节压力变送器的量程使得水位达到 250mm 时压力变送器的输出电压为 5V。

根据实际的设计要求，调节反馈系数 β，从而调节输出电压。

4. 实验内容及步骤

实验的接线图如图 4-58 所示，除了实际的模拟对象外，其中的模拟电路由 ACCT-Ⅱ型自动控制理论及计算机控制技术实验板上的运放单元和备用元器件搭建而成。参考的实验参数(仅供参考)为 $R_0 = R_1 = R_2 = 200\text{k}\Omega$，$R_3 = 100\text{k}\Omega$，$R_4 = 2\text{M}\Omega$，$R_5 = 10\text{k}\Omega$，$C_1 = 1\mu\text{F}$，$R_f / R_i = 1$。

具体的实验步骤如下。

(1)先将 ACCT-ⅡA 型自动控制理论及计算机控制技术面板上的电源船形开关放在 OFF 状态。

(2)利用 ACCT-ⅡA 实验板上的单元电路 U13、U11 和 U10，设计并连接如图 4-58 所示的闭环系统。需注意的是运放的锁零信号 G 接–15V。

① 将 ACCT-ⅡA 面板上 U1 单元的可调电压接到 U_g。

② 给定输出接 PID 调节器的输入，这里参考电路中 $K_d = 0$，R_4 的作用是提高 PID 调节器的动态特性。

③ 经过 PID 运算调节器输出(0～10V)接到 ACT-YK4 面板上水泵的输入两端，经过功率放大的电压作为水泵的电源信号。

④ 液位测量经压力变送器检测水箱里的水压即水位转换成电压输出信号，作为电压反馈信号，将液位测量的输出接到电压反馈电路的输入端。

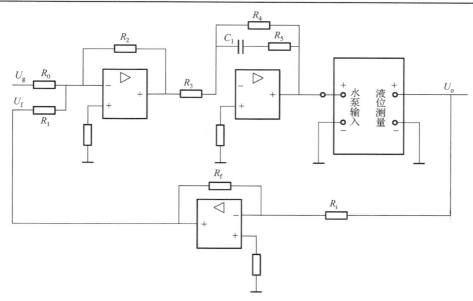

图 4-58　水箱液位控制系统接线图

　　⑤　由于压力变送器输出的电压为正值，所以反馈回路中接一个反馈系数可调节的反相器。调节反馈系数 $\beta = R_f/R_i$，从而调节输出的电压 U_o。

　　(3)连接好上述电路，全面检查线路后，将 ACT-YK4 面板上的放水阀打开，合上 ACT-YK4 实验面板上的电源船形开关，调整 PID 参数，使系统稳定，同时观测输出电压变化情况。

　　(4)在闭环系统稳定的情况下，改变 ACT-YK4 面板上的放水阀水的流量，系统达到无静差。

　　(5)改变给定信号，通过水箱内水位的变化很直观地观察系统的动态特性。

5. 思考题

液位控制对象的动态特性是什么？如何选择控制器的类型？

6. 预习要求

(1)推导水箱水位的数学模型，使用 MATLAB 中的 Simulink 软件仿真实验内容。

(2)预习实验内容并根据仿真结果，书写实验预习报告。

第 5 章　微机原理与接口技术实验

5.1　微机原理与接口技术实验目的和要求

通过微机原理与接口技术实验使学生进一步理解和巩固所学的理论知识，强化对单片机指令的掌握，熟悉单片机应用系统的开发方法和过程，从而培养学生利用计算机解决问题的基本思路和应用开发能力，培养学生综合运用知识、动手能力和解决实际问题的能力。

5.1.1　微机原理与接口技术实验目的

使学生了解计算机的发展概况，建立起微型计算机及微型计算机系统的基本概念，理解计算机的基本组成原理和单片微机的特点，掌握数制转换、码制及编码方法。加深对计算机原理以及基本知识的理解。同时为后续各项计算机技术的展开和应用打下基础。从应用的角度出发，使学生从里到外认识计算机的基本结构和组成原理，掌握该机型的特点和使用方法。

通过指令系统实验，使学生了解不同机型具有不同的指令系统，它与硬件密切相连，由厂家设计。使学生掌握机器语言的特点和使用方法，为汇编语言程序设计奠定基础。在具备了硬、软件基础之后，编写汇编语言程序，使学生理解和掌握下述 4 个问题。

(1)汇编语言编程方法，并与数据结构和计算方法结合起来。

(2)解决实际问题的程序设计过程，必须与硬件结合起来。

(3)不同机型的汇编程序不同，但编程方法基本相同，可以相互借鉴。

(4)与高级语言的最大区别是它面向机器，而高级语言面向用户。

使学生从应用的角度，理解半导体存储器的组成原理和工作原理，以及典型产品的性能特点；掌握计算机应用系统中存储器的扩展方法，包括给定地址范围如何与计算机连接，和已知连接原理图如何确定其地址范围。为后面接口电路扩展奠定基础。

使学生了解有关中断的基本知识，建立中断输入输出的概念，在此基础上学习和掌握MCS-51 机型的中断结构特点和编程使用方法，加深理解一般中断系统的功能和编程结构。

通过接口技术学习，使学生了解接口功能和在计算机应用系统中的地位，掌握并行接口芯片的基本特性、编程方法、扩展方法、应用方法。具备选择芯片及设计接口的能力。通过A/D、D/A 接口知识实践，使学生理解 A/D、D/A 的转换原理，了解片内、片外 A/D、D/A接口芯片的结构特点和性能指标，掌握扩展、编程和使用方法。具备简单数据采集软硬件接口设计的能力。通过对片内、片外通信接口的讲授和分析，使学生了解串行通信的基础知识，理解有关同步、异步、数据格式、波特率、校验方式等基本概念，掌握片内接口的编程使用方法和片外接口的扩展、编程、使用方法。具备实现双机通信的编程能力。通过总线学习，使学生了解总线的用途、接口和标准，理解板极总线和系统总线的使用范围和应用特点，掌握一两种总线的使用方法，为应用系统设计奠定基础。

5.1.2　微机原理与接口技术实验要求

通过实验，要求学生建立完整的计算机知识结构，掌握计算机应用系统的组成。掌握指令系统的特点、功能和基本应用方法，结合实际问题，掌握应用程序的设计思路、编程方法、设计和调试过程，使学生学会提出问题、分析问题和解决问题的方法，建立工程意识。

理解存储器扩展的方法，掌握存储地址形成原理，能够熟练运用中断程序，了解中断输入输出的执行过程。掌握接口原理和扩展方法，结合智能设备与计算机之间的数据传输，掌握串行通信编程的特点、要求、技巧和方法。

5.2　实验仪功能简介

DP-51PRO.NET 单片机综合仿真实验仪是基于 Keil C51 集成开发环境下的集仿真器、编程器和实验仪于一体的综合性开发平台，它支持全系列标准 8051 芯片仿真（包括低电压 V 系列），并且内部集成了一个 51PRO 编程器，可以对单片机进行并行编程。DP-51PRO.NET 单片机综合仿真实验仪外形如图 5-1 所示。

TKStudy ICE 仿真器采用 HOOKS 仿真技术，支持大多数常用 80C51 系列单片机。软件上支持 TKStudio/Keil 中英文双平台，并在μVsion2/μVision3 上稳定实现 64KB 超大容量 Trace 接口/4×64KB 代码数据覆盖/加彩运行轨迹显示/4×64KB 运行断点/超精密运行时间显示等多项仿真功能。

EasyPRO 51 是一款用于烧写标准 51 系列单片机的通用编程器，具有工作稳定可靠、性价比高的特点；除支持 51 系列单片机外，还可用于串行 24 系列、25 系列、93 系列存储器的编程；采用串口通信，使用方便、快捷；编程算法经过严格测试，芯片编程安全稳定。

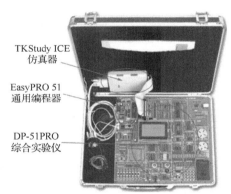

TKStudy ICE 仿真器

EasyPRO 51 通用编程器

DP-51PRO 综合实验仪

图 5-1　DP-51PRO.NET 单片机综合仿真实验仪外形图

DP-51PRO 单片机综合仿真实验仪是基于 Keil C51 集成开发环境下的单片机应用技术综合性学习、调试、开发工具，提供了众多外围器件和设备接口，除了覆盖基本常见的功能模块外，还提供了单片机领域流行的外设功能模块，如语音模块实验、射频读卡模块实验、液晶显示实验（包含 12864 点阵液晶显示实验和 16×2 字符型液晶显示模块实验）、串行 A/D 实验、SLE4442 接触式 IC 卡读写实验、基于 I^2C 总线的 PCF8563 和 CAT24WC02 及 ZLG7290 实验、数字温度采集实验、红外收发实验等模块。DP-51PRO 单片机综合仿真实验仪面板布局如图 5-2 所示。

由图 5-2 可以看出，DP-51PRO.NET 单片机综合仿真实验仪分为很多个功能块，各个功能块之间是相对独立的。每个功能块都有一个编号分别是竖数 A～D，横数 1～10，如 C3 功能块，就是第 3 行的第 3 个功能块。功能块的主要功能如表 5-1 所示。

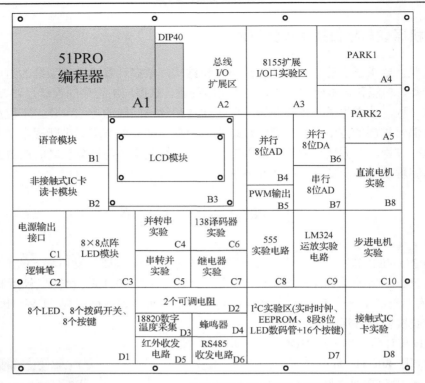

图 5-2　DP-51PRO.NET 单片机综合仿真实验仪面板布局图

表 5-1　实验仪各功能块功能一览表

编号	功能块名称	功 能 说 明
A1	51PRO 编程器区	该区是一个独立的编程器，它支持一千多种型号芯片的烧写，包括烧写 51 系列单片机以及 24 系列、25 系列和 93 系列串行 E²PROM。使用该编程器将仿真正确且编译后的 HEX 或 BIN 文件烧入单片机中进行最终实验结果的演示。当然，经过该编程器烧写的芯片也可以移植到用户自行开发的目标板上运行
A2	总线 I/O 扩展区	该扩展区的主要功能是在 DIP40 圆孔座上插入仿真头或烧写好的芯片并把单片机的各功能引脚引出来，方便用户选择使用各个 I/O 口或单片机总线。该扩展区还包含了一个 74HC573 对单片机的 P0 口进行锁存，并扩展输出 A0～A7 总线地址
A3	8155 扩展 I/O 口实验区	该功能模块是用于进行 8155 I/O 口扩展实验，8155 包括 256 字节的静态 RAM、三个可编程选择工作方式的并行 I/O 端口(2 个 8 位口、一个 6 位口)、1 个 14 位的可编程选择工作方式的减法计数器，所以可以进行多种实验
A4	PARK1	用于扩展连接各种扩展 PARK 模块，包括 USB1.0、CAN-bus、USB2.0、以太网接口等(其中 USB2.0 和以太网接口是选配的扩展 PARK 模块)，来进行相关的实验。它只能扩展一个 PARK 模块
A5	PARK2	功能同 A4 区，DP-51PRO.NET 单片机综合仿真实验仪可以同时在 A4 和 A5 区分别扩展一个 PARK 模块，同时进行两个 PARK 模块的实验。例如，A4 区扩展 USB1.0，A5 区扩展 CAN-bus，这样用户就可以进行 USB 转 CAN-bus 的桥接实验了
B1	语音模块	该区有一个 ZLG1420A 语音模块，还有麦克风和扬声器接口，用户可以在上面进行语音实验
B2	非接触式 IC 卡读卡模块	该区有一个 ZLG500A 非接触式 IC 卡读卡模块接口(ZLG500A 模块为选配件)和相关的天线接口(天线也是选配件)，用户可以利用该接口进行非接触式 IC 卡的实验，在该区还有一个时钟源电路和 12 路分频输出接口。另外，用户还可以选择在 B1 和 B2 区的扩展孔上扩展一个 CPLD 实验模块，CPLD 实验模块包括 XILINX 的 XC95108 模块和 ALTERA 的 EPM7128 模块两种(均为选配件)以供用户选择，进行 CPLD 的扩展实验

续表

编号	功能块名称	功能说明
B3	LCD 模块	该区包含一个 LCD 液晶模块，用户可以选择 128×64 的点阵图形液晶模块或者 16×2 的点阵字符液晶模块
B4	并行 AD 实验区	该区包含一片 ADC0809 8 位并行 AD 转换器
B5	PWM 输出实验区	该区把用户提供的 PWM 信号转换成电压输出
B6	并行 DA 实验区	该区包含一片 DAC0832 8 位并行 DA 转换器
B7	串行 AD 实验区	该区包含一片 TLC549 8 位串行 AD 转换器
B8	直流电机实验区	该区包含一个可调速的直流电机及其驱动电路
C1	电源输出接口区	该区包含多个+5V、−12V、+12V 电源接口，方便用户外接使用
C2	逻辑笔电路	该区是一个检查 TTL 逻辑电平高低的逻辑笔，通过 LED 显示所检查电路的电平高低
C3	8×8 点阵 LED 模块	该区包含一个 8×8 点阵 LED 模块及其驱动电路
C4	并转串实验区	该区包含一片 74LS165 并转串芯片
C5	串转并实验区	该区包含一片 74LS164 串转并芯片
C6	138 译码电路区	该区包含一片 74LS138 译码芯片
C7	继电器实验区	该区包含一个继电器及其驱动电路
C8	555 实验区	该区包含一片 555 芯片及相关的电阻、电容接口电路
C9	运放实验区	该区包含一片 LM324 芯片及相关的电阻、电容接口电路
C10	步进电机实验区	该区包含一个步进电机及其驱动电路
D1	I/O 实验区	该区分别包含 8 个独立的 LED 发光二极管、8 个拨动开关、8 个按键
D2	可调电阻区	该区包含一个 10kΩ和一个 1kΩ 的可调电阻
D3	温度传感器区	该区包含一片 18B20 单总线(1-Wire)的数字温度传感器
D4	蜂鸣器区	该区包含一个交流蜂鸣器及其驱动电路
D5	红外收发区	该区包含一个红外发射管和一个带解码的红外接收器
D6	RS485 实验区	该区包含一片 75176 芯片，用于 RS485 的电平驱动和接收
D7	I^{2}C 实验区	该区包含一片 24WC02 256 字节的 E^{2}PROM，一片 PCF8563 实时时钟芯片及外围电路，一片 ZLG7290 键盘 LED 驱动芯片及 8 段 8 位数码管和 16 个按键
D8	接触式 IC 卡实验区	该区包含一个可连接 SLE4442 卡的读卡头

5.3 μVision4 集成开发环境

Keil C51 是 Keil 公司开发的单片机 C 语言编译器，除兼容 ANSIC 外又增加了很多与硬件密切相关的编译特性，使得在 8051 系列单片机上开发应用程序更为方便快捷。μVision4 是一种集成化的文件管理编译环境，集成了文件编辑处理、编译链接、项目管理、窗口、工具引用和软件仿真调试等多种功能，是相当强大的开发工具。

5.3.1 启动μVision4

双击桌面上的 Keil μVision4 图标即可启动运行，也可单击"开始"按钮，将鼠标指向程序，找到 Keil μVision4 图标并单击启动，启动运行后将显示如图 5-3 所示的μVision4 提示信息，几秒钟后提示信息自动消失，出现如图 5-4 所示窗口。主窗口由标题栏、下拉菜单、快捷工具按钮、项目窗口、文件编辑窗口、输出窗口以及状态栏等组成。

图 5-3　μVision4 启动提示信息

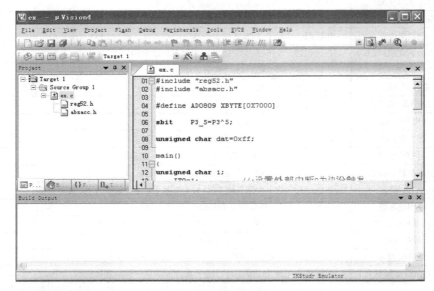

图 5-4　μVision4 的窗口分配

5.3.2　创建项目

单击μVision4|Project|New μVision Project 选项，如图 5-5 所示，打开一个标准的 Windows 文件对话窗口，如图 5-6 所示。要求填入新项目文件的名称，在"文件名"中输入程序项目名称，这里用 test。保存后的文件扩展名为.uvproj，这是 Keil μVision4 项目文件扩展名，以后能直接单击此文件以打开先前做的项目。

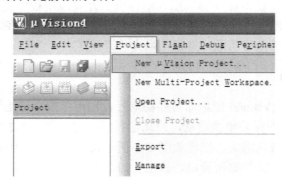

图 5-5　New μVision Project 选项

图 5-6　文件窗口

在创建完项目文件后，弹出如图 5-7 所示的选取芯片窗口，要求为默认的目标(Target 1)选择合适的器件。在对话框中显示了 μVision4 的器件数据库，从中可以直接选择所要使用的微处理器，在本例中使用 NXP(Founded by Philips)公司的 P89V51RD2。使用 Project|Select Device for Target 1 选项也可以弹出同样的对话框为项目选择 CPU 型号。

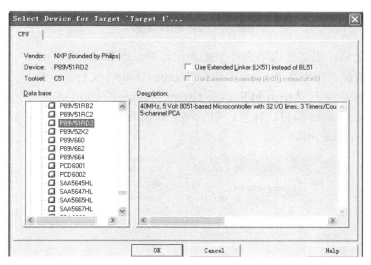

图 5-7　选取芯片

当芯片型号选取完毕后，会弹出如图 5-8 所示的对话框，询问是否需要添加 8051 的启动文件(START.51)到工程中，因为实验均使用汇编语言编写，所以该选项选择否即可。

图 5-8　选择是否添加启动文件

5.3.3　源程序创建与添加

　　使用图标或 File|New 选项就可以创建一个新的源程序文件。创建新的源文件时将会打开一个空的文本编辑器窗口，如图 5-9 所示，可在此窗口中编辑源文件。编辑完成后需要先保存该文件为*.asm 类型文件。将文件保存为*.asm 文件后，文本编辑窗口中代码将会根据指令不同而自动高亮不同颜色。

```
102
103        EA = 1;//打开中断
104    }
105 /*******************************************************
106  *Function: 定时器IO初始化       定时中断时间计算公式: 模式1  16位计数器, (2^16-x)*机器J
107  *parameter:                                机器周期=12/fosc.      65536-(fosc
108  *Return:
109  *Modify:  50HZ
110  *****************************************************/
111  void InitialTime0 (void)
112 {
113        TMOD |= 0x01;        //0000 0001 ;  m1 m0 = 0 1  模式1, 16位定时计数器
114        TH0=t1/256;
115        TL0=t1%256;
116        ET0 = 1;             //使能中断
117        TR0 = 1;             //打开定时器
118    }
119 /*******************************************************
120  *Function: 定时器1初始化       有串口 不用定时器1
121  *parameter:
122  *Return:
123  *Modify:
124  *****************************************************/
125  void InitialTime1 (void)
```
📄 main.c

图 5-9　文本编辑器窗口

　　创建源程序之后，需要把这个文件添加到项目中。在 Keil μVision4 中，将文件加到项目中有多种方式。例如，可以在 Project 中选择 Source Group 1 文件组，然后右击，就会出现如图 5-10 所示的菜单，此时选中 Add Files to Group 'Source Group 1'选项，再打开如图 5-11 所示对话框中选择 main.asm 即可。注意：对话框中默认为*.C 类型文件，需要手动选择加载类型为第二项 Asm Source file。

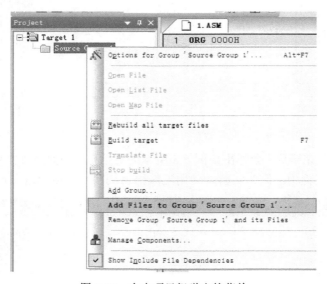

图 5-10　右击项目组弹出的菜单

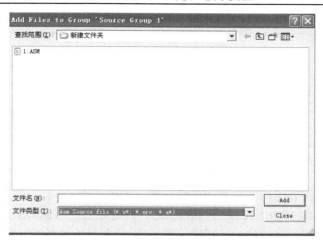

图 5-11　选择加载*.ASM 类型源文件

5.3.4　设定工具选项

Keil μVision4 需要为目标硬件设置选项。单击主菜单栏中的 Project|Options for Target 'Target 1'选项，出现如图 5-12 所示的对话框。在 Target 栏列出与所选用芯片硬件相关的片内部件参量。表 5-2 描述了 Target 对话框中的选项。在所有实验中使用的晶振类型为 12.0MHz，故编译调试前需将其改为 12.0MHz。

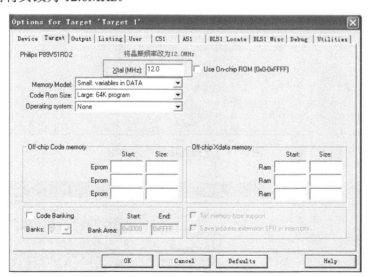

图 5-12　为目标设定工具选项

表 5-2　Target 对话框中的选项

选　　项	含　　义
Xtal	标明 CPU 运行的时钟频率，一般与 XTAL 的频率相同
Memory Model	标明 C51 编译器的内存模式
Use On-chip ROM	使用片上自带的 ROM 作为程序存储器

续表

选　项	含　义
Use On-chip Arithmetic Unit	使用片上 AU 单元
Use multiple DPTR registers	使用多个 DPTR
Use On-chip XRAM	使用片上自带的 XRAM 存储器
Off-chip Code memory	指明目标硬件上的所有外部地址存储器的地址范围
Off-chip Xdata memory	指明目标硬件上的所有外部数据存储器的地址范围
Code Banking	指明 Code Banking 的所有参数
Xdata Banking	指明 Xdata Banking 的所有参数

　　在实验中所有程序调试均需要使用硬件仿真，如图 5-13 所示，在 Debug 栏中选择使用右侧的硬件仿真，仿真器使用 TKStudy Emulator。同时需要在右侧附加的设置(Settings)扩展栏中利用 Search 命令找到实验仪与计算机连接的串口，并且将总线选为使用全部总线并确定，如图 5-14 所示。

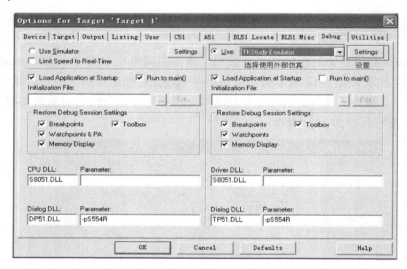

图 5-13　选择使用硬件仿真器

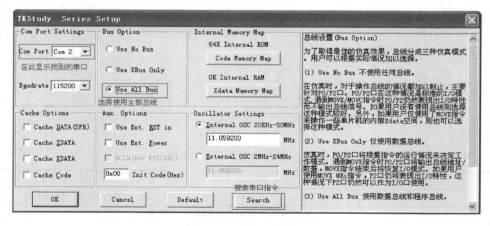

图 5-14　选择对应串口

5.3.5　编译项目

使用编译目标文件工具栏的图标并依次单击它们。就可以编译所有源程序。当所编译的内容有语法错误的，Keil μVision4 将会把错误和警告信息在输出窗口（Output Window）的编译页（Build）中显示出来，如图 5-15 所示。双击某一条信息，就可以打开源程序文件，并且光标停留在 Keil μVision4 编译窗口中出现该错误或警告的源程序位置上。

```
assembling DISPLAY.A51...
DISPLAY.A51(0): warning A41: MISSING 'END' STATEMENT
assembling DINPUT.A51...
DINPUT.A51(0): warning A41: MISSING 'END' STATEMENT
linking...
*** WARNING L16: UNCALLED SEGMENT, IGNORED FOR OVERLAY PROCESS
    SEGMENT: ?PR?INITIALTIME1?MAIN
*** WARNING L16: UNCALLED SEGMENT, IGNORED FOR OVERLAY PROCESS
    SEGMENT: ?PR?_DELAY10MS?MAIN
*** WARNING L16: UNCALLED SEGMENT, IGNORED FOR OVERLAY PROCESS
    SEGMENT: ?PR?CLKDELAY?MAIN
Program Size: data=34.4 xdata=0 code=1278
"test" - 0 Error(s), 5 Warning(s).
Build   Command   Find in Files
```

图 5-15　错误和警告信息

5.3.6　调试

一旦成功创建并编译了应用程序，就可以开始调试过程。通过 Debug 菜单或工具条按钮可以很方便地对源程序进行单步运行，全速运行、设置断点等仿真调试，同时可通过命令窗口输入各种 Keil μVision4 调试命令（如调入信号函数等）进行辅助仿真调试，通过 Regs 标签页可以观察调试过程中 CPU 内部寄存器状态的变化情况。如果希望在调试过程中查看源程序的汇编代码，可以单击 View|Disassembly Window 选项打开反汇编窗口，在该窗口中还可以利用右键菜单进行混合模式（Mixed Mode）与汇编模式（Assembly Mode）切换、在线汇编（Inline Assembly）、查看跟踪记录（View Trace Recorde）、插入/删除断点等操作。

在调试过程中，如果需要查看内部存储数据，则在内存窗口（Memory 1）下输入 d:数据地址进行查找。例如，查看 20H 中数据，则在搜索中输入 d:20h，确认后则可看到对应数据。具体操作如图 5-16 所示。

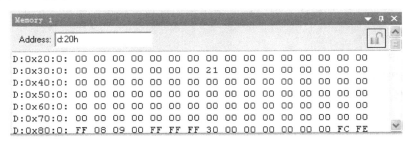

图 5-16　输入地址并查看对应数据

5.3.7　创建 HEX 文件

在应用程序测试完毕后，就可以创建一个 HEX 文件，然后进行软件下载或者烧录到

EPROM 中。若想生成 HEX 文件，就必须在 Options for Target 对话框中将 Output 下的 Create HEX File 复选框选中，如图 5-17 所示。如果在选项 Run User Progrm#1 下选定了程序，在生成文件的功能结束以后可以直接开始 PROM 的编程功能。

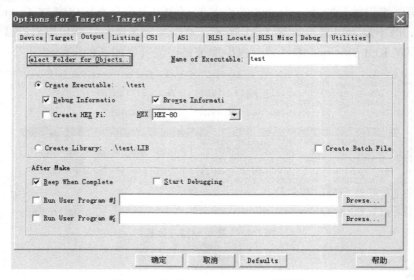

图 5-17　选中 Create HEX File 复选框

5.4　实　验　项　目

5.4.1　实验仪、仿真器和集成开发环境的使用

1. 实验目的

(1) 了解 DP-51PRO.NET 单片机综合仿真实验仪的结构和功能。

(2) 掌握 DP-51PRO.NET 单片机综合仿真实验仪的基本操作和使用方法。

(3) 利用已学的 MCS-51 单片机指令，进行简单程序设计。

(4) 通过本实验，熟悉集成开发环境的使用过程，培养学生动手操作的能力。

2. 实验设备

(1) PC 一台。

(2) DP-51PROC.NET 单片机综合仿真实验仪一台。

3. 实验要求

在 Keil μVision4 集成环境下，创建项目和源文件 xxxx(学号).asm，在源文件中输入下面的程序并将 xxxx(学号).asm 添加到项目中，完成工具选项设定，进行编译、修改和调试，根据调试过程写出相应的执行结果。

```
ORG 0000H
AJMP MAIN
ORG 0100H
```

```
MAIN:    MOV R0, #20H
         MOV R6, #0AH
         MOV A, @R0
         DEC R6
LOOP:    INC R0
         MOV 2AH, @R0
         CJNE A, 2AH, CMP
CMP:     JNC LOOP1
         MOV A, @R0
LOOP1:   DJNZ R6, LOOP
         MOV 2BH, A
HERE:    SJMP HERE
         END
```

(1) 运行前将片内 RAM 20H～29H 的单元内容设置为如下数据: 00H、03H、02H、04H、A3H、55H、55H、A3H、03H、02H。

(2) 从 0000H 地址开始, 单步运行, 并随时观察记录以下内容:

① 记录各标号代表的地址:

MAIN=_____, LOOP=_____, CMP=_____, LOOP1=_____, HERE =_____。

② 运行第 1 条指令后, (PC)=_____。

③ 运行第 2 条指令后, (R0)=_____, (PC)=_____。

④ 运行第 3 条指令后, (R6)=_____, (PC)=_____。

⑤ 运行第 4 条指令后, (A)=_____, (R0)=_____, (20H)=_____, (PC)=_____。

⑥ 运行第 5 条指令后, (R6)=_____, (PC)=_____。

⑦ 运行第 6 条指令后, (R0)=_____, (PC)=_____。

⑧ 运行第 7 条指令后, (2AH)=_____, (R0)=_____, (21H)=_____, (PC)=_____。

⑨ 运行第 8 条指令后, (2AH)=_____, (A)=_____, (PSW)=_____, (PC)=_____。

⑩ 连续运行后, (2BH)=_____, (R6)=_____, (R0)=_____。

4. 实验步骤

1) 启动 Keil μVision4

双击桌面上的 Keil μVision4 图标即可启动运行, 也可以单击开始按钮, 将鼠标指向程序, 找到 Keil μVision4 图标并单击启动运行。

2) 创建项目

单击 Keil μVision4 菜单中的 Project, 选择弹出的下拉式菜单中的 New μVision4 Project, 则打开一个标准的 Windows 文件对话窗口, 要求填入新项目文件名称。

在创建完项目文件后, 会弹出 Select Device 对话框, 为默认的目标(Target 1)选择合适的器件。

3) 源程序创建与添加

使用图标或 File 菜单中的 New 命令选项创建一个新的源程序文件, 创建新的源文件时将会打开一个空的文本编辑器窗口, 可在此窗口中编辑源文件。

创建源程序之后, 需要将这个文件添加到已创建的项目中。

4)设定工具选项

Keil μVision4 需要为目标硬件设置选项。单击主菜单栏中的 Project 菜单,然后选择 Options for Target 1 命令, 出现对话框, 在 Target 栏设置与所选用芯片硬件相关的片内部件参量。

5)编译项目

使用编译目标文件工具栏的图标并单击,就可以编译所有的源程序。当所编译的内容有语法错误时, Keil μVision4 将会把错误和警告信息在输出窗口(Output Window)的编译页(Build)中显示出来。双击某一条信息,就可以打开源程序文件,并且光标停留在 Keil μVision4 编译窗口中出现该错误或警告的源程序位置上,方便源程序修正。

6)调试

成功编译了应用程序后,就可以开始调试过程。通过 Debug 菜单或工具条按钮可以很方便地对源程序进行单步运行、全速运行、设置断点等仿真调试,通过 Regs 标签页可以观察调试过程中 CPU 内部寄存器状态的变化情况。调试菜单如表 5-3 所示。

表 5-3　调试菜单指令介绍

调试菜单	工具栏	快捷键	描　　述
Start/Stop Debug Session		Ctrl+F5	启动/停止 Keil μVision 4 的调试模式
Run		F5	运行至下一个启用的断点
Step		F11	单步进入一个函数
Step Over		F10	单步跳过一个函数
Step Out of Current Function		Ctrl+F11	跳出当前函数
Run to Cursor Line			执行到当前光标所在行
Stop Running		Esc	停止程序执行
Breakpoints...			打开断点对话框
Insert/Remove Breakpoint			在指定行插入或者删除断点
Enable/Disable Breakpoint		Alt+F7	打开或者关闭断点
Disable All Breakpoints			关闭所有断点
Kill All Breakpoints		F7	删除所有断点

5. 实验报告

(1)写出实验内容及要求。

(2)画出程序流程图。

(3)写出程序清单,并加以注释。

(4)写出程序执行结果及调试过程。

6. 注意事项

(1)认真分析原理图,谨慎接线。

(2)不能带电插拔芯片、仿真线、通信线等。

(3)系统带电的情况下,不能测量电阻,禁止触摸电阻、电容及芯片等引脚。

7. 思考题

程序全速执行一遍后，PC 和 R0 的值分别为多少？

5.4.2　指令应用程序设计实验

1. 实验目的

(1)利用已学 MCS-51 单片机的指令进行较复杂的程序设计，并通过实验进一步熟悉集成开发环境的调试过程。

(2)通过本实验，熟悉单片机的指令操作和程序设计方法，培养学生动手操作的能力。

2. 实验设备

(1)PC 一台。

(2)DP-51PROC.NET 单片机综合仿真实验仪一台。

3. 实验要求

设计程序，找出 30H～39H 中的 10 个无符号数的最大值和最小值，将最大值放入 40H，最小值放入 41H，10 个数的和放入 42H，并转换成 BCD 码，存入 50H 和 51H 中；求出除去最大、最小值后剩余 8 个数的平均数，放入 43H。

4. 实验步骤

(1)启动 Keil μVision4。

(2)创建项目。

(3)源程序创建与添加。

(4)设定工具选项。

(5)编译项目。

(6)调试。

(7)记录实验初始条件和执行结果。

5. 实验报告

(1)写出实验内容及要求。

(2)画出程序流程图。

(3)写出程序清单，并加以注释。

(4)写出程序执行结果及调试过程。

6. 注意事项

(1)认真分析原理图，谨慎接线。

(2)不能带电插拔芯片、仿真线、通信线等。

(3)系统带电的情况下，不能测量电阻，禁止触摸电阻、电容及芯片等引脚。

7. 思考题

如果求 10 个数的平均数，程序应该怎样修改？

5.4.3　外部中断实验

1. 实验目的

(1)了解 P1 口的工作原理，掌握单片机 P1 口的使用方法。

(2)理解与中断有关的特殊功能寄存器的作用，掌握中断初始化的方法和步骤。

(3)通过本实验，掌握主程序和中断服务程序的设计方法，培养学生动手操作的能力。

2. 实验设备

(1)PC 一台。

(2)DP-51PROC.NET 单片机综合仿真实验仪一台。

3. 实验要求

在单片机的 $\overline{INT0}$ 引脚上连接一个按键 KEY1，P1.0 引脚上连接一个发光二极管 LED1，电路如图 5-18 所示。每按一次按键 KEY1，在 $\overline{INT0}$ 引脚上会产生一个脉冲信号。要求单片机以外中断方式对脉冲信号进行计数，累计 10 个脉冲改变一次 P1.0 口的输出状态，即 LED1 的亮灭状态改变一次。注意按键时要有明显的停顿。

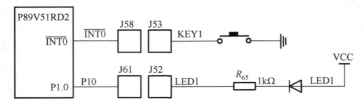

图 5-18　外部中断实验电路连接图

4. 实验步骤

(1)使用导线将 A2 区 J61 接口的 P10 与 D1 区 J52 接口的 LED1 相连，将 A2 区 J58 接口的 INT0 与 D1 区的 J53 的 KEY1 相连。

(2)编写主程序和外中断服务程序，流程如图 5-19 所示。

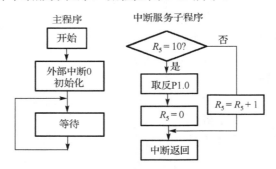

图 5-19　外部中断实验程序流程图

(3)编译、调试和修改程序，记录调试过程及结果。

5. 实验报告

(1)写出实验内容及要求。

(2)画出程序流程图。

(3)写出程序清单，并加以注释。

(4)写出程序执行结果及调试过程。

6. 注意事项

(1)认真分析原理图，谨慎接线。

（2）不能带电插拔芯片、仿真线、通信线等。

（3）系统带电的情况下，不能测量电阻，禁止触摸电阻、电容及芯片等引脚。

7. 思考题

如何修改外部中断的触发方式？中断初始化都需要进行哪些操作？

5.4.4　定时器应用实验

1. 实验目的

（1）理解与定时器/计数器有关的特殊功能寄存器的作用，掌握其控制位的设定方法。

（2）理解定时器/计数器的工作方式，掌握初始化设置步骤及中断服务程序的设计。

（3）通过本次实验，掌握中断的响应过程及中断源入口地址，培养学生动手操作的能力。

2. 实验设备

（1）PC 一台。

（2）DP-51PROC.NET 单片机综合仿真实验仪一台。

3. 实验要求

实验电路如图 5-20 所示，单片机的 T1 引脚上连接一个按键 KEY1，每按一次 KEY1 键，在 T1 引脚上产生一个脉冲信号；P1.0～P1.7 引脚上分别连接发光二极管 LED1～LED8。

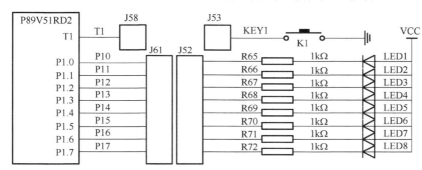

图 5-20　定时器应用实验电路连接图

要求系统上电后，LED 全部熄灭，T0 工作在定时中断方式 1，T1 工作在计数器方式 2。当 T1 累计 2 个脉冲时点亮 LED1，LED1 亮 1s 后熄灭，同时点亮 LED2，LED2 亮 1s 后熄灭，同时点亮 LED3，依次类推，当 LED8 亮 1s 后熄灭全部 LED。LED 流水过程中 KEY1 失效，LED 全部熄灭后 KEY1 有效，T1 从 0 开始计数，重复上述过程。

4. 实验步骤

（1）使用 8 股的排线把 A2 区 J61 接口的 P10～P17 与 D1 区 J52 接口的 LED1～ LED8 相连，将 A2 区 J58 接口的 T1 与 D1 区的 J53 的 KEY1 相连。

（2）编写主程序和定时/计数中断服务程序。

（3）编译、调试，记录调试过程及结果。

5. 实验报告

（1）写出实验内容及要求。

（2）画出程序流程图。

(3)写出程序清单，并加简单注释。

(4)写出程序执行结果及调试过程。

6. 注意事项

(1)认真分析原理图，谨慎接线。

(2)不能带电插拔芯片、仿真线、通信线等。

(3)系统带电的情况下，不能测量电阻，禁止触摸电阻、电容及芯片等引脚。

7. 思考题

如果同时点亮两个 LED 进行流水操作，应该何如修改程序？同时点亮三个 LED，甚至更多呢？

5.4.5　8155 扩展及 LED 显示实验

1. 实验目的

(1)掌握显示程序的设计方法和 8155 控制字的设定方法。

(2)通过本实验，掌握复杂程序设计与显示的综合编程方法，培养学生动手操作的能力。

2. 实验设备

(1)PC 一台。

(2)DP-51PROC.NET 单片机综合仿真实验仪一台。

3. 实验要求

实验电路如图 5-21 和图 5-22 所示，采用 6 位共阴极数码管进行显示，8155 的 PB 口控制数码管的阳极电位(字形)，PC 口控制数码管的阴极电位(字位)。

(1)编写动态显示程序，将被加数显示在数码管的左边两位上，加数显示在中间两位上，和显示在右边两位上。8155 PB 口控制各位显示器的字形，PC 口控制各显示器的字位，使用 6 位共阴极显示器，显示缓冲区为 79H～7EH。动态显示参考程序，见附录。注意和不要超过 FFH。

(2)编写静态显示程序，在数码管任一位上显示出"P"或"H"(选做)。

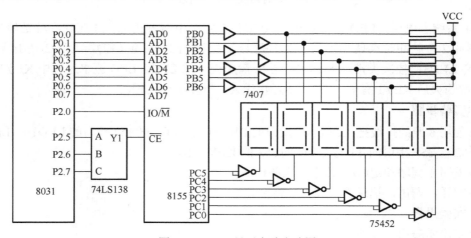

图 5-21　LED 显示实验电路图

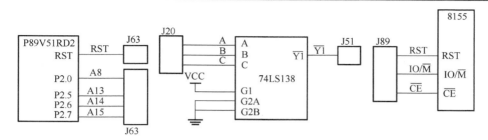

图 5-22　8155 扩展及 LED 显示实验电路连接图

4．实验步骤

(1)使用导线将 A2 区 J63 接口的 A8 与 A3 区 J89 接口的 IO/$\overline{M}$ 相连。

(2)使用导线将 A2 区 J56 接口的 RST 与 A3 区 J89 接口的 RST 相连。

(3)使用三股排线将 A2 区 J63 接口的 A13～A15 分别与 C6 区 J20 接口的 A、B、C 相连，将 A3 区 J89 接口的 $\overline{CE}$ 与 C6 区 J51 接口的 $\overline{Y1}$ 相连。

(4)使用导线将 C6 区 J22 接口的 G2A、G2B 与 C1 区 J50 接口的 GND 相连，将 C6 区 J22 接口的 G1 与 C2 区 J50 接口的 VCC 相连。

(5)运行编写好的程序，观察数码管的显示情况。

5．实验报告

(1)写出实验内容及要求。

(2)画出程序流程图。

(3)写出程序清单，并加以注释。

(4)写出程序执行结果及调试过程。

6．注意事项

(1)认真分析原理图，谨慎接线。

(2)不能带电插拔芯片、仿真线、通信线等。

(3)系统带电的情况下，不能测量电阻，禁止触摸电阻、电容及芯片等引脚。

7．思考题

如果使用 74LS138 的 Y5 引脚连接 8155 的 $\overline{CE}$，那么 8155 的命令口地址、B 口地址、C 口地址变为多少？

5.4.6　模/数与数/模转换实验

1．实验目的

(1)熟悉 A/D 转换工作原理,掌握并行模数转换芯片 ADC0809 接口电路设计与编程方法。

(2)熟悉 D/A 转换工作原理,掌握并行数模转换芯片 DAC0832 接口电路设计与编程方法。

(3)通过本实验，掌握模/数、数/模转换的原理，培养学生动手操作的能力。

2．实验设备

(1)PC 一台。

(2)DP-51PROC.NET 单片机综合仿真实验仪一台。

3. 实验要求

(1) 调节实验仪上电位器 W2 时，即改变 ADC0809 输入端 IN0 的输入电压。编写程序完成模数转换，结果放于 30H 中，并记录对应模拟量值。实验电路连接及整体电路图如图 5-23 和图 5-24 所示。

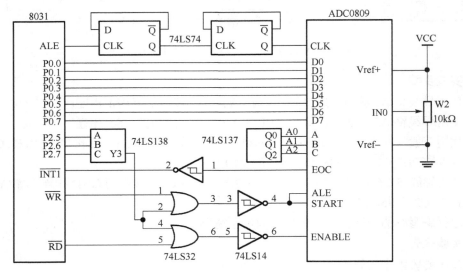

图 5-23　A/D 转换电路示意图

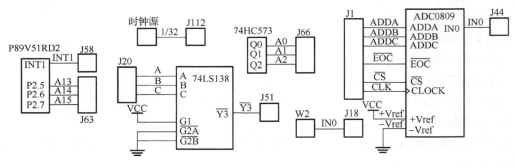

图 5-24　A/D 转换实验电路连接图

(2) 利用实验仪上的 DAC0832 转换器，产生锯齿波、三角波或方波等，周期自定，用示波器观察输出波形。DAC0832 实验电路原理图及实验仪连接图如图 5-25 和图 5-26 所示。

(3) 请编程实现将 A/D 转换的数字量作为 D/A 转换的延时常数，当调电位器 W2 时，D/A 转换产生锯齿波的频率也随之变化。锯齿波产生的原理：首先向 D/A 转换器输出一个与锯齿波最小值对应的数字量，其后以固定的时间间隔向 D/A 转换器输出数字量，该数字量的值以一定的增量递增，达到锯齿波最大值所对应的数值后，再回到最小值，重复上述过程。因转换器输出的模拟信号与输入的数字信号成正比，所以输出的波形类似于锯齿形状。编程中需要注意每向 D/A 转换器送一数值后需要软件延时一段时间，延时长短决定了锯齿波周期的大小 (选做)。

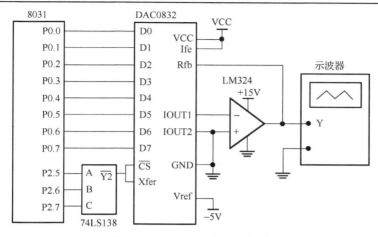

图 5-25　D/A 转换电路示意图

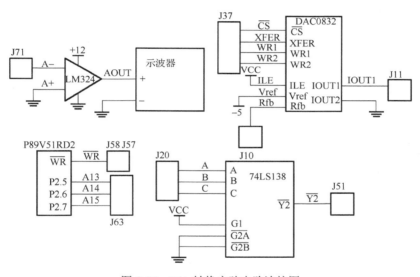

图 5-26　D/A 转换实验电路连接图

4. 实验步骤

1) A/D 转换

(1) 使用三股排线将 A2 区 J66 接口的 A0～A2 与 B4 区 J1 接口的 ADDA～ADDC 相连。

(2) 使用三股排线将 A2 区 J63 接口的 A13～A15 分别与 C6 区 J20 接口的 A、B、C 相连。

(3) 使用导线将 C6 区 J22 接口的 $\overline{G2A}$、$\overline{G2B}$ 与 C1 区 J50 接口的 GND 相连，将 C6 区 J22 接口的 G1 与 C2 区 J50 接口的 VCC 相连。

(4) 使用导线将 B4 区 J1 接口的 $\overline{EOC}$ 与 A2 区 J58 接口的 INT1 相连，将 B4 区 J1 接口的 $\overline{CS}$ 与 C6 区 J51 接口的 $\overline{Y3}$ 相连。

(5) 使用导线将 B4 区 J1 接口的 CLK 与 B2 区 J112 接口的 1/32 相连。

(6) 使用导线将 B4 区 J1 接口的 Verf+、Verf− 与 C1 区 J49 接口的 VCC、GND 相连。

(7) 使用导线将 B4 区 J44 接口的 IN0 与 D2 区 J18 接口的中端相连。

(8)运行编写好的软件程序，每次跑到断点就会停止，此时观察转换的结果和用数字万用表测量的结果相比是否正确(所需观察的存储单元或者变量在程序中依照注释执行)。

(9)改变 10kΩ电位器(D2 区的 W2)的旋钮位置，用数字万用表测量中间金属孔的电压，再次运行程序至断点处，观察转换的结果是否正确。

2)D/A 转换

(1)使用三股排线将 A2 区 J63 接口的 A13～A15 与 C6 区 J20 接口的 A～C 相连。

(2)使用导线将 A2 区 J57、J58 接口的 $\overline{WR}$ 分别与 B6 区 J37 接口的 WR1、WR2 相连。

(3)使用导线将 C6 区 J22 接口的 $\overline{G2A}$、$\overline{G2B}$ 与 C1 区 J50 接口的 GND 相连，将 C6 区 J22 接口的 G1 与 C2 区 J50 接口的 VCC 相连。

(4)使用导线将 B6 区 J37 接口的 $\overline{CS}$、XFER 与 C6 区 J51 接口的 Y2 相连。

(5)使用导线将 B6 区 J10 接口的 Vref 与实验箱右上方扩展模块 X0 接口的–5V 相连。

(6)使用导线将 B6 区 J10 接口的 ILE 与 C1 区 J50 接口的 VCC 相连。

(7)使用导线将 B6 区 J11 接口的 IOUT1 与 C9 区 J71 接口的 A–相连。

(8)使用导线将 C9 区 J71、J72 接口的 V+和 V–分别与 J19 接口的+12V 和–12V 相连。

(9)使用导线将 B6 区 J10 接口的 Rfb 与 C9 区 J71 接口的 AOUT 相连，并将另一接头与示波器正端相连。

(10)使用导线将 C9 区 J71 接口的 A+与 C1 区 J49 接口的 GND 相连，并将 C9 区 J19 接口的 GND 连接至示波器负端。

(11)运行编写好的软件程序，使用示波器观察 C4 区 AOUT 处的波形是否为锯齿波。

5. 实验报告

(1)写出实验内容及要求。

(2)画出程序流程图。

(3)写出程序清单，并加以注释。

(4)写出程序执行结果及调试过程。

6. 注意事项

(1)认真分析原理图，谨慎接线。

(2)不能带电插拔芯片、仿真线、通信线等。

(3)系统带电的情况下，不能测量电阻，禁止触摸电阻、电容及芯片等引脚。

7. 思考题

请使用查询和中断两种方式实现 A/D 转换。

5.4.7 8×8 LED 扫描输出实验

1. 实验目的

(1)掌握 8×8 LED 点阵的工作原理。

(2)通过本实验，掌握利用单片机 I/O 口进行 LED 点阵扫描显示的方法，培养学生动手操作的能力。

2. 实验设备

(1)PC 一台。

(2) DP-51PROC.NET 单片机综合仿真实验仪一台。

3. 实验要求

设计程序，利用单片机的 P1 口控制扫描，利用实验仪上 C5 区的 74HC164 芯片控制显示输出，使 8×8 LED 点阵上显示一个"X"。实验电路连接电路如图 5-27 所示。

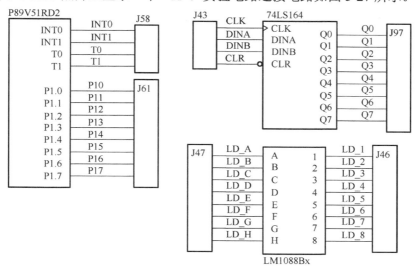

图 5-27　8×8 LED 扫描输出实验电路连接图

4. 实验步骤

(1) 使用 8 股排线将 A2 区 J61 接口的 P10～P17 与 C3 区 J46 接口的 LD_1～LD_8 相连。

(2) 使用 8 股排线将 C5 区 J97 接口的 Q0～Q7 与 C3 区 J47 接口的 LD_A～LD_H 相连。

(3) 使用导线将 A2 区 J58 接口的 INT0、INT1、T0、T1 分别与 C5 区 J43 接口的 CLK、DINA、DINB、CLR 相连。

(4) 使用短线帽分别将 C5 区 JP10 与 C3 区 JP2 短接。

(5) 编写一段从 74HC164 输出 8 位数据的程序，并在此基础上编写一个完整的 LED 点阵扫描程序。

(6) 运行编写好的程序，观察数码管的显示情况。

5. 实验报告

(1) 写出实验内容及要求。

(2) 画出程序流程图。

(3) 写出程序清单，并加以注释。

(4) 写出程序执行结果及调试过程。

6. 注意事项

(1) 认真分析原理图，谨慎接线。

(2) 不能带电插拔芯片、仿真线、通信线等。

(3) 系统带电的情况下，不能测量电阻，禁止触摸电阻、电容及芯片等引脚。

7. 思考题

修改程序，在数码管上显示任意一个汉字。

5.4.8　I²C 总线实验

1. 实验目的

(1)加深对 I²C 总线的理解，熟悉 I²C 器件的使用。

(2)通过本实验，理解实时时钟的原理与功能，培养学生动手操作的能力。

2. 实验设备

(1)PC 一台。

(2)DP-51PROC.NET 单片机综合仿真实验仪一台。

3. 实验要求

熟练掌握 I²C 总线的控制，灵活运用 I²C 主控器软件包，深刻理解实时时钟的各种功能。实验电路连接电路如图 5-28 所示。

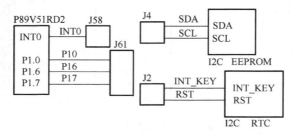

图 5-28　I²C 总线实验电路连接图

4. 实验步骤

(1)使用导线将 D7 区 J4 接口的 SCL、SDA 与 A2 区 J61 接口的 P16、P17 相连。

(2)使用导线将 D7 区 J2 接口的 RST 与 A2 区 J61 接口的 P10 相连。

(3)使用导线将 D7 区 J2 接口的 INT_KEY 与 A2 区 J58 接口的 INT0 相连。

(4)使用短线帽将 D7 区 JP1 短接。

(5)把模拟 I²C 软件包 VIIC_C51.C 文件加入到 Keil C51 的项目中，程序源文件的开头包含 VIIC_C51.H 头文件。修改 VIIC_C51.C 文件中的 sbit SDA=P1^7；和 sbit SCL=P1^6；。

(6)使用函数 ISendStr(uchar sla, uchar suba, uchar *s, uchar no)对 PCF8563T 实时时钟设置初始时间，再使用 IRcvStr(uchar sla, uchar suba, uchar *s, uchar no)对 PCF8563T 实时时钟的时间进行读取。

5. 实验报告

(1)写出实验内容及要求。

(2)画出程序流程图。

(3)写出程序清单，并加以注释。

(4)写出程序执行结果及调试过程。

6. 注意事项

(1)认真分析原理图，谨慎接线。

(2)不能带电插拔芯片、仿真线、通信线等。

(3)系统带电的情况下，不能测量电阻，禁止触摸电阻、电容及芯片等引脚。

7. 思考题

如何实现对多个 I^2C 器件数据的读取？

5.4.9　数字温度传感器实验

1. 实验目的

(1) 熟悉数字温度传感器 DS18B20 的使用方法和工作原理。

(2) 了解单总线的读写控制方法，培养学生动手操作的能力。

2. 实验设备

(1) PC 一台。

(2) DP-51PROC.NET 单片机综合仿真实验仪一台。

3. 实验要求

(1) 根据图 5-29 所示的实验电路连接电路图连接电路。

(2) 编写程序，通过单片机的 P3.3 口对 DS18B20 进行操作，实现数字温度的采集。

(3) 记录采集到的温度数据，分析实验结果是否正确。

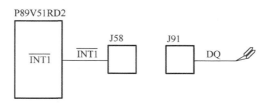

图 5-29　数字温度传感器实验电路连接图

4. 实验步骤

(1) 使用导线将 D3 区 J91 接口的 DQ 针与 A2 区 J58 接口的 $\overline{INT1}$ 相连。

(2) 使用短线帽将 D3 区 JP2 短接。

(3) 运行编写好的软件程序，完成多次温度采集并记录采集到的温度数据，将温度数据存储在 60H 中。

(4) 将实验数据与环境实际温度进行比较，判断采集数据的准确度。

5. 实验报告

(1) 写出实验内容及要求。

(2) 画出程序流程图。

(3) 写出程序清单，并加以注释。

(4) 写出程序执行结果及调试过程。

6. 注意事项

(1) 认真分析原理图，谨慎接线。

(2) 不能带电插拔芯片、仿真线、通信线等。

(3) 系统带电的情况下，不能测量电阻，禁止触摸电阻、电容及芯片等引脚。

7. 思考题

思考如何测量一根总线上多个 DS18B20 的温度数据。

5.4.10　图形液晶显示实验

1．实验目的

(1) 了解图形液晶模块（单色）的显示原理与控制显示的方法。

(2) 通过控制液晶模块，实现简单图形显示具体控制。

(3) 通过本实验，掌握图形液晶模块工作原理，培养学生动手操作的能力。

2．实验设备

(1) PC 一台。

(2) DP-51PROC.NET 单片机综合仿真实验仪一台。

3．实验要求

(1) 根据图 5-30 所示的实验电路连接电路图连接电路。

(2) 编写程序，控制图形液晶模块显示 ASCII 字符。

(3) 编写程序，在图形液晶模块上显示直线。

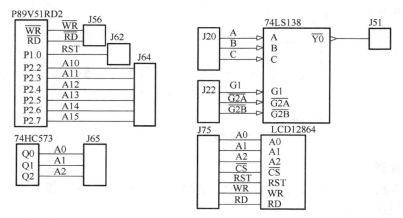

图 5-30　图形液晶显示实验电路连接图

4．实验步骤

(1) 使用三股排线将 A2 区 J65 接口的 A0～A2 与 B3 区 J75 接口的 A0～A2 相连。

(2) 使用导线将 A2 区 J56 接口的 $\overline{WR}$ 、$\overline{RD}$ 与 B3 区 J75 接口的 WR、RD 相连。

(3) 使用导线将 A2 区 J62 接口的 P10 与 B3 区 J75 接口的 RST 相连。

(4) 使用导线将 C6 区 J51 接口的 $\overline{Y0}$ 与 B3 区 J75 接口的 $\overline{CS}$ 相连。

(5) 使用三股排线将 A2 区 J63 接口的 A10～A13 与 C6 区 J20 接口的 A～C 相连。

(6) 使用导线将 A2 区 J63 接口的 A14、A15 分别与 C6 区 J22 接口的 $\overline{G2A}$ 、$\overline{G2B}$ 相连，将 A2 区 J63 接口的 A13 与 C6 区 J22 接口的 G1 相连。

(7) 使用短线帽分别将 B3 区 J85 与 C6 区 JP4 短接。

(8) 在 B3 区的 J92 接口处插入图形液晶模块（单色，128×64 点）。

(9) 编写程序，按照实验要求在图形液晶模块上显示相应内容。

5．实验报告

(1) 写出实验内容及要求。

(2)画出程序流程图。

(3)写出程序清单，并加以注释。

(4)写出程序执行结果及调试过程。

6. 注意事项

(1)认真分析原理图，谨慎接线。

(2)不能带电插拔芯片、仿真线、通信线等。

(3)系统带电的情况下，不能测量电阻，禁止触摸电阻、电容及芯片等引脚。

5.5　综　合　应　用

根据实际应用的需要，单片机应用系统往往需要将多方面的应用技术综合应用在同一个系统中。在 5.4 节内容完成后，综合应用训练的要求有所提高，涉及如何将单片机应用技术中的若干项内容综合于一体，实现系统所需功能。

5.5.1　按键与 MAX7219 显示驱动器的应用

1. 实验目的

(1)掌握独立式按键的接口电路及程序设计。

(2)掌握 MAX7219 共阴极 8 段 LED 数码管显示器驱动器的应用。

(3)综合应用按键和 MAX7219 实现单片机系统的输入和输出，培养学生动手操作的能力。

2. 实验设备

(1)PC 一台。

(2)综合应用实验电路板一块。

(3)电路焊接组装工具箱一个。

(4)实验用到的各种相关元器件。

3. 实验要求

(1)利用 P1 口的 4 根口线扩展连接 4 个独立式按键，分别为 K0～K3，设计按键的接口电路。

(2)利用 P3 口的口线连接 MAX7219 显示器驱动器,用于控制 6 个共阴极 8 段 LED 数码管显示器。

(3)要求系统上电后 6 个数码管全部显示"0"；当 K0、K1 或 K2 键按下时，在左起第 1 个数码管位置上显示对应的键号；定义 K3 键为复位键，当 K3 键按下后，6 个数码管全部恢复显示"0"。各键均能重复操作。

4. 实验步骤

(1)仔细阅读实验要求，并依照要求完成系统电路设计。

(2)按照要求编写源程序。

(3)利用 Proteus 软件完成系统功能仿真。

(4)完成电路板设计制作，检查并测试电路焊接是否正确。

(5)对系统进行软硬件综合调试。

5. 实验报告

(1)写出实验内容及要求。

(2)画出程序流程图及完整的实验电路原理图。

(3)写出程序清单，并加以注释。

(4)写出程序执行结果及调试过程。

6. 注意事项

(1)认真分析原理图，谨慎接线。

(2)不能带电插拔芯片、仿真线、通信线等。

(3)系统带电的情况下，不能测量电阻，禁止触摸电阻、电容及芯片等引脚。

7. 实验参考电路

(1)按键接口电路，参见图 6-1。

(2)采用 MAX7219 连接 6 位数码管显示器的接口电路图，参见图 5-33。

5.5.2　点阵字符型 LCD 显示器与 4×4 键盘的应用

1. 实验目的

(1)掌握 16×2 点阵字符型液晶显示模块的应用技术。

(2)掌握 4×4 行列式键盘的应用技术。

(3)16×2 点阵字符型液晶显示模块和 4×4 行列式键盘的综合应用，培养学生动手操作的能力。

2. 实验设备

(1)PC 一台。

(2)综合应用实验电路板一块。

(3)电路焊接组装工具箱一个。

(4)实验用到的各种相关元器件。

3. 实验要求

(1)利用 8051 单片机的 P1 口连接一块 4×4 行列式键盘，设计键盘接口电路。

(2)应用 16×2 点阵字符型液晶显示模块 SMC1602 作为系统显示器，完成接口电路设计。

(3)设计自定义汉字字符"中国"、"北京"。

(4)键盘中 0～9 键为数字键，按下该键时，液晶显示屏在第 1 行左起第 1 个字符位置上显示对应键号；A～F 键为功能键，定义其中 A 键按下时第 1 行显示汉字"中国"，第 2 行显示字母"A"；按下 B 键第 1 行显示"北京"，第 2 行显示字母"B"。功能键的显示位置自定。

4. 实验步骤

(1)仔细阅读实验要求，并依照要求完成系统电路设计。

(2)按照要求编写源程序。

(3)利用 Proteus 软件完成系统功能仿真。

(4)完成电路板设计制作，检查并测试电路焊接是否正确。

(5)对系统进行软硬件综合调试。

5. 实验报告

(1)写出实验内容及要求。

(2)画出程序流程图及完整的实验电路原理图。

(3)写出程序清单，并加以注释。

(4)写出程序执行结果及调试过程。

6.　注意事项

(1)认真分析原理图，谨慎接线。

(2)不能带电插拔芯片、仿真线、通信线等。

(3)系统带电的情况下，不能测量电阻，禁止触摸电阻、电容及芯片等引脚。

7.　实验参考电路

(1)4×4 行列式键盘接口电路，参见图 6-3。

(2)16×2 点阵字符型液晶显示模块的接口电路图，见图 5-31。

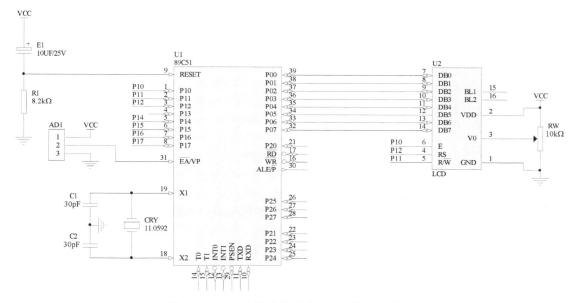

图 5-31　16×2 点阵字符型液晶显示接口电路图

5.5.3　DS18B20 与点阵式 LED 显示器的应用

1.　实验目的

(1)掌握点阵式 LED 显示器接口电路的应用技术。

(2)应用 DS18B20 数字温度传感器实现温度检测。

(3)设计单片机应用系统，利用点阵式 LED 显示器显示数字温度传感器的检测值，培养学生动手操作的能力。

2.　实验设备

(1)PC 一台。

(2)综合应用实验电路板一块。

(3)电路焊接组装工具箱一个。

(4)实验用到的各种相关元器件。

3．实验要求

(1)在 8051 单片机系统中设计 8×8 点阵式 LED 显示器接口电路。

(2)设计 DS18B20 数字温度传感器的接口电路。

(3)采用 DS18B20 进行温度检测(设所测温度范围为 0～99℃),并将检测结果显示在 8×8 点阵式 LED 显示器上,只需显示温度检测值的整数部分,可将十位和个位数值共同显示在点阵模块上,每个数字各占显示器的一半。

4．实验步骤

(1)仔细阅读实验要求,并依照要求完成系统电路设计。

(2)按照要求编写源程序。

(3)利用 Proteus 软件完成系统功能仿真。

(4)完成电路板设计制作,检查并测试电路焊接是否正确。

(5)对系统进行软硬件综合调试。

5．实验报告

(1)写出实验内容及要求。

(2)画出程序流程图及完整的实验电路原理图。

(3)写出程序清单,并加以注释。

(4)写出程序执行结果及调试过程。

6．注意事项

(1)认真分析原理图,谨慎接线。

(2)不能带电插拔芯片、仿真线、通信线等。

(3)系统带电的情况下,不能测量电阻,禁止触摸电阻、电容及芯片等引脚。

7．实验参考电路

(1)8×8 点阵式 LED 显示器接口电路,参见图 6-1。

(2)DS18B20 数字温度传感器的接口电路图,参见图 6-4。

5.5.4　单片机串行通信的应用

1．实验目的

在工业测控系统中,微型计算机双机或多机串行通信的工作方式应用很广泛。本实验通过单片机双机串行通信系统的接口电路和程序设计,使学生掌握串行通信的基本应用方法,培养学生动手操作的能力。

2．实验设备

(1)PC 一台。

(2)综合应用实验电路板两块。

(3)电路焊接组装工具箱一个。

(4)实验用到的各种相关元器件。

3．实验要求

(1)设计单片机双机串行通信系统的接口电路,将系统中的两台单片机分别定义为主机和从机。主机系统中连接两个独立式按键作为"开始"和"停止"命令键，连接液晶显示模块 SMC1602 用于显示接收到的数据。

（2）从机系统中连接 8 个开关和 8 个 LED，开关用于模拟输入数据，发光二极管显示开关状态。

（3）复位后主机显示"00"，从机 8 个 LED 显示 8 个开关对应口线的状态。当主机的"开始"键按下时，主机向从机发送开始命令(可定义为 55H)，从机读入此时 8 个开关的状态，从机将读入的 8 个开关的状态作为应答数据返回主机，主机显示"START"和接收到的数据。

（4）当主机的"结束"键按下时，向从机发送"结束"命令(可定义为 AAH)，从机向主机返回 8 个开关的最新状态后将 8 个发光二极管全部熄灭。主机显示"END"和接收到的新的应答数据。

（5）编写主机、从机的程序。

4．实验步骤

（1）仔细阅读实验要求，并依照要求完成双机通信系统电路设计。

（2）按照要求编写源程序。

（3）利用 Proteus 软件完成系统功能仿真。

（4）完成电路板设计制作，检查并测试电路焊接是否正确。

（5）对系统进行软硬件综合调试。

5．实验报告

（1）写出实验内容及要求。

（2）分别画出主机、从机程序流程图及完整的实验电路原理图。

（3）分别写出主机和从机程序清单，并加以注释。

（4）写出程序执行结果及调试过程。

6．注意事项

（1）认真分析原理图，谨慎接线。

（2）不能带电插拔芯片、仿真线、通信线等。

（3）系统带电的情况下，不能测量电阻，禁止触摸电阻、电容及芯片等引脚。

7．实验参考电路

（1）主机系统电路原理图，参见图 5-32。

（2）从机系统电路原理图。

（3）主从机串行接口电路图。

5.5.5　步进电机控制实验

1．实验目的

（1）了解 4×4 键盘、步进电机的工作原理及应用。

（2）通过键盘和显示器，对步进电机系统进行控制，培养学生动手操作的能力。

2．实验设备

（1）PC 一台。

（2）综合应用实验电路板一块。

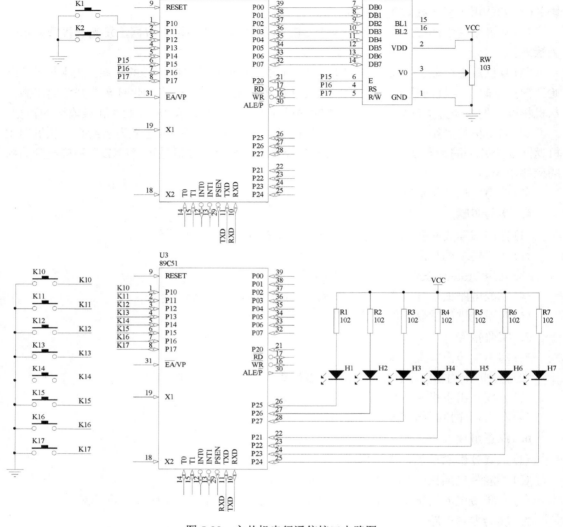

图 5-32　主从机串行通信接口电路图

(3)电路焊接组装工具箱一个。

(4)实验用到的各种相关元器件。

3. 实验要求

(1)扩展一块 4×4 键盘，显示器采用 MAX7219 串行输入/输出共阴极 6 位数码管，设计步进电机驱动电路。

(2)通过控制系统，实现以下功能。①用键盘输入步进电机正、反转的转速或正、反转的角度，控制步进电机的启动、运行和停止。②显示器显示步进电机给定的正、反转的转速或角度。③控制步进电机按给定转速或角度旋转。

(3)步进电机控制系统及驱动电路的电路图如图 5-33 和图 5-34 所示。

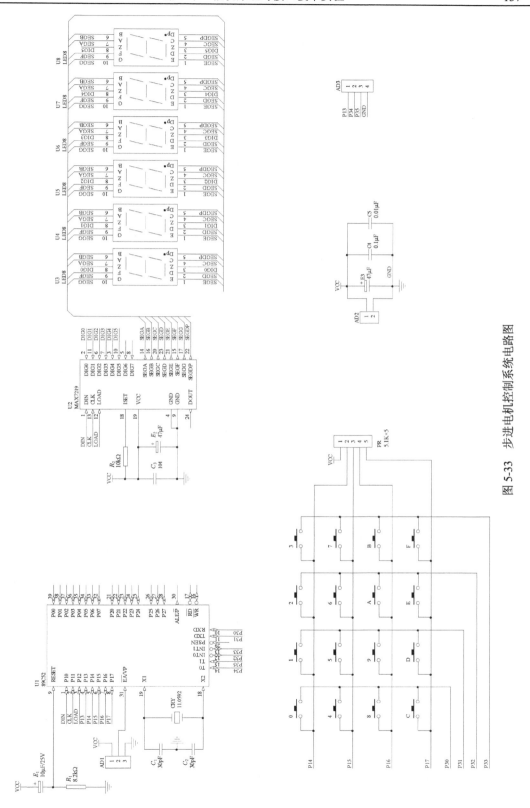

图 5-33 步进电机控制系统电路图

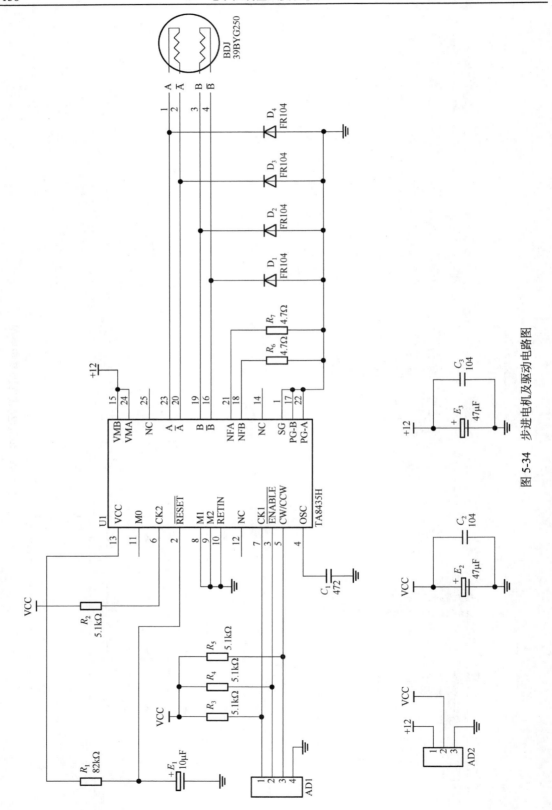

图 5-34　步进电机及驱动电路图

4. 实验步骤

(1)仔细阅读实验要求，并依照要求进行电路设计。

(2)按照图 5-31 和图 5-32 所示电路图对电路板进行焊接。

(3)检查并测试电路焊接是否正确。

(4)编写程序，按照实验要求对系统进行调试。

5. 实验报告

(1)写出实验内容及要求。

(2)画出程序流程图及完整的实验电路原理图。

(3)写出程序清单，并加以注释。

(4)写出程序执行结果及调试过程。

6. 注意事项

(1)认真分析原理图，谨慎接线。

(2)不能带电插拔芯片、仿真线、通信线等。

(3)系统带电的情况下，不能测量电阻，禁止触摸电阻、电容及芯片等引脚。

第6章 微机原理与接口技术实践

6.1 微机原理与接口技术实践的目的和要求

"单片机原理与接口技术"是一门理论与实践并重的工科专业基础课，在教学过程中不仅要求学生了解和掌握微型计算机和微控制器等领域的相关基本概念、基本原理与基本设计方法，还强调所学的原理和方法的实际运用，即动手去做，才能在实践过程中解决问题，加深理解，提高动手能力。"单片机原理与接口技术综合实践"是配合"单片机原理与接口技术"理论教学的实践性环节，在两周的教学学时内集中开设，以学生自主研究和设计为主，教师负责答疑指导，督促检查。通过本综合实践的设计训练，学生运用所学理论知识完成一个单片机应用系统的设计与调试，熟悉和掌握单片机应用系统的开发方法和过程，使学生在"做"中学，"做"中提高。

本章主要设计了"单片机原理与接口技术综合实践"的 5 个设计课题，分别是交通信号灯模拟控制系统、教室人数统计系统、电梯模拟控制系统、数字温度传感器测温显示系统、采用实时时钟芯片的打铃系统，作为本实践环节设计任务的参考。

6.1.1 微机原理与接口技术实践的目的

"单片机原理与接口技术综合实践"是配合"单片机原理与接口技术"理论教学的实践性教学环节，在此实践训练中需要综合应用课堂所学基本理论和技术，应用平时实验已掌握的软硬件的基本设计和调试的方法，完成一个综合了多种设计技术、具有一定实用背景的单片机应用系统的设计制作。通过这一设计过程，使学生熟悉和掌握单片机应用系统的基本设计方法，加深对课堂所学理论知识的理解，是对学生了解和应用计算机工具解决工程实际任务的一次模拟训练，可以提高学生的实践动手能力，加强学生工程素质的培养。

6.1.2 微机原理与接口技术实践的要求

1. 基本要求

学生应在实践环节中完成一个单片机应用系统的方案设计、软硬件系统设计与制作，系统功能综合调试，提交设计报告并完成系统功能演示。

2．阶段任务与要求

1）选题

学生自由组合成设计小组，选择本章以下内容中给出的基本题目作为小组设计题目。学生也可以结合自己的兴趣爱好，对单片机工程应用的认识和了解自拟设计题目。

2）方案设计

学生围绕小组的题目检索收集资料，进行调研，提出系统总体方案设计，选择最优方案。

3）软硬件系统设计与调试

总体方案确定后，设计完成硬件电路原理图，设计并连接好硬件系统。设计完成软件程序流程，并编写出相应的程序。完成软硬件系统的联机调试，实现选题的设计功能。

4）设计报告的编写

学生根据本小组的题目及设计过程撰写综合实践报告，陈述设计思想和系统工作原理，剖析解决问题的方案、方法，画出系统电路原理图、程序流程图；写出调试结果及分析；附参考文献。

5）答辩及演示

答辩内容应包括所设计题目的基本任务要求，系统总体方案设计，软硬件系统综合设计与调试，系统功能演示、总结。

6.2　交通信号灯模拟控制系统

1．实验目的

(1)掌握点阵式 LED 的工作原理及应用方法。

(2)综合应用按键、点阵 LED、发光二极管设计十字路口交通信号灯的模拟控制系统。

(3)通过本实验培养学生电路设计、焊接、调试与动手操作的能力。

2．所用设备

(1)PC 一台。

(2)综合实践实验电路板一块。

(3)电路焊接组装工具箱一个。

(4)实验用到的各种相关元器件。

3．实验要求

(1)扩展一块 8×8 点阵式 LED 显示器，连接 4 个独立式按键，连接两组红、绿、黄三色发光二极管。

(2)通过控制系统，实现以下功能。

　　① 红、绿、黄发光二极管用于模拟十字路口东西向和南北向的交通信号灯；点阵 LED 显示信号灯的倒计时时间；按键实现人工干预控制。

　　② 系统上电后，交通灯按照自动控制规律工作：南北向绿灯亮 30s，黄灯闪烁 5s，红灯亮 20s；此时东西向为红灯亮 30s，黄灯闪烁 5s，绿灯亮 20s；如此反复循环。点阵 LED 显示南北向信号灯的倒计时时间。

　　③ 按键用于特殊情况下的人工控制，K1 键每次按下将南北向的通行时间增加 5s，最大到 60s；K2 键每次按下将东西向的通行时间增加 5s，最大到 60s；K3 键按下将十字路口的信号灯全部点亮红灯；K4 键按下恢复上电时的自动控制模式。

4. 实验过程

(1)仔细阅读实践要求，并依照要求进行电路设计。

(2)按照所设计电路图进行电路板制作，并对电路板进行焊接。

(3)检查并测试电路焊接是否正确。

(4)编写程序，按照实践要求对系统进行调试。

5. 实验报告

(1)写出设计任务要求及系统基本功能。

(2)设计系统总体方案和相应的软硬件方案，并对关键功能模块的设计做出分析；画出硬件电路原理图及程序流程图。

(3)记录程序执行结果及调试过程，侧重分析出现的问题及解决的方法。

(4)设计总结。

(5)附录中列出参考文献；附程序清单，并加以注释。

6. 注意事项

(1)认真分析原理图，谨慎接线。

(2)不能带电插拔芯片、仿真线、通信线等。

(3)系统带电的情况下，不能测量电阻，禁止触摸电阻、电容及芯片等引脚。

7. 系统参考电路

交通信号灯模拟控制系统参考电路如图 6-1 所示。

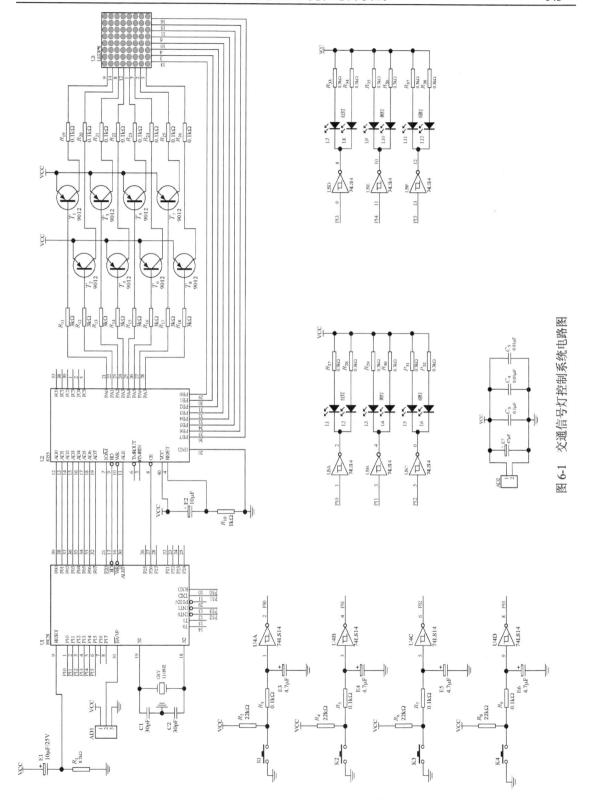

图 6-1　交通信号灯控制系统电路图

6.3 教室人数统计系统

1. 实验目的

(1) 了解 8×8 点阵 LED 显示屏的工作原理。

(2) 学会使用光电传感器和 LED 显示屏来设计教室人数统计系统。

(3) 通过本实验培养学生电路设计、焊接、调试与动手操作的能力。

2. 所用设备

(1) PC 一台。

(2) 综合实践实验电路板一块。

(3) 电路焊接组装工具箱一个。

(4) 实验用到的各种相关元器件。

3. 实验要求

(1) 扩展两个光电传感器和一块 8×8 点阵 LED 显示器。

(2) 通过控制系统，实现以下功能：

① 检测进出教室的人数，并在 8×8 点阵 LED 显示器上显示出来。

② 设置一个按键复位清零。

③ 用发光二极管模拟电灯，当教室有人时，发光二极管发光，当教室无人时发光二极管不发光。

4. 实验过程

(1) 仔细阅读实践要求，并依照要求进行电路设计。

(2) 按照所设计电路图进行电路板制作，并对电路板进行焊接。

(3) 检查并测试电路焊接是否正确。

(4) 编写程序，按照实践要求对系统进行调试。

5. 实验报告

(1) 写出设计任务要求及系统基本功能。

(2) 设计系统总体方案和相应的软硬件方案，并对关键功能模块的设计做出分析；画出硬件电路原理图及程序流程图。

(3) 记录程序执行结果及调试过程，侧重分析出现的问题及解决的方法。

(4) 设计总结。

(5) 附录中列出参考文献；附程序清单，并加以注释。

6. 注意事项

(1) 认真分析原理图，谨慎接线。

(2) 不能带电插拔芯片、仿真线、通信线等。

(3) 系统带电的情况下，不能测量电阻，禁止触摸电阻、电容及芯片等引脚。

7. 系统参考电路

教室人数统计系统电路如图 6-2 所示。

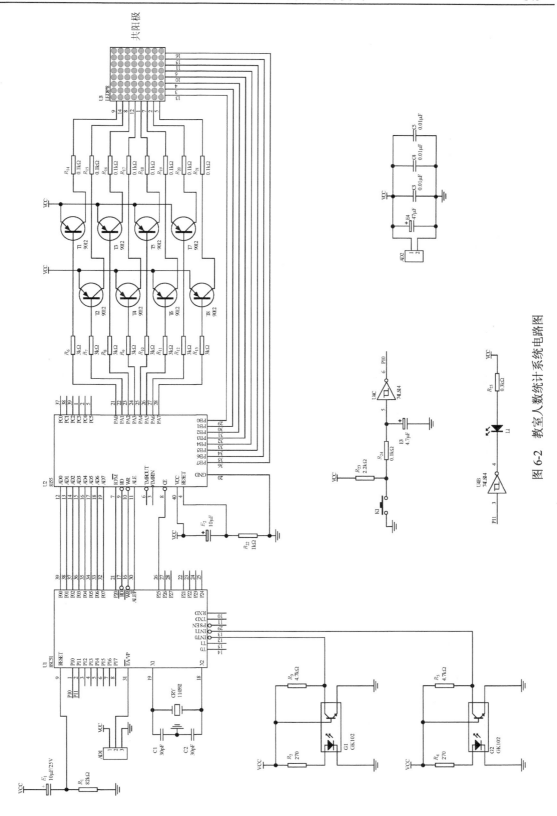

图 6-2　教室人数统计系统电路图

6.4　电梯模拟控制系统

1. 实验目的

(1)了解 4×4 键盘的工作原理及应用。

(2)学会使用步进电机、键盘和 LED 数码管来设计电梯模拟控制系统。

(3)通过本实验培养学生电路设计、焊接、调试与动手操作的能力。

2. 所用设备

(1)PC 一台。

(2)综合实践实验电路板一块。

(3)电路焊接组装工具箱一个。

(4)实验用到的各种相关元器件。

3. 实验要求

(1)扩展 4×4 键盘、设计步进电机驱动电路和一位数码管显示电路。

(2)通过控制系统，实现以下功能。

① 能够模拟电梯控制系统的功能，实现按键呼叫电梯，电梯到层显示，电梯启、停控制，实现一个四层电梯控制的模型。

② 数码管显示到层数。

③ 发光二极管模拟电梯门的开关状态，门打开时，该层的发光二极管亮，门关上时，该层的发光二极管熄灭。

④ 自己设定步进电机每转一圈为一层或每转两圈为一层。

4. 实验过程

(1)仔细阅读实践要求，并依照要求进行电路设计。

(2)按照所设计电路图进行电路板制作，并对电路板进行焊接。

(3)检查并测试电路焊接是否正确。

(4)编写程序，按照实践要求对系统进行调试。

5. 实验报告

(1)写出设计任务要求及系统基本功能。

(2)设计系统总体方案和相应的软硬件方案，并对关键功能模块的设计做出分析；画出硬件电路原理图及程序流程图。

(3)记录程序执行结果及调试过程，侧重分析出现的问题及解决的方法。

(4)设计总结。

(5)附录中列出参考文献；附程序清单，并加以注释。

6. 注意事项

(1)认真分析原理图，谨慎接线。

(2)不能带电插拔芯片、仿真线、通信线等。

(3)系统带电的情况下，不能测量电阻，禁止触摸电阻、电容及芯片等引脚。

7. 系统参考电路

电梯模拟控制系统及步进电机驱动电路如图 6-3 所示。

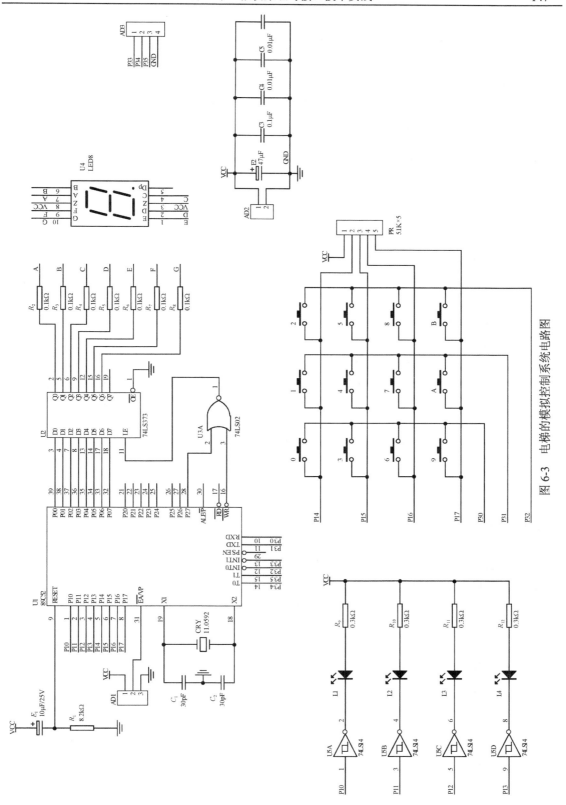

图 6-3　电梯的模拟控制系统电路图

6.5 数字温度传感器测温显示系统

1. 实验目的

(1)掌握数字温度传感器和液晶显示器的工作原理及应用方法。

(2)综合应用按键、液晶显示器、数字温度传感器设计测温显示系统。

(3)通过本实验培养学生电路设计、焊接、调试与动手操作的能力。

2. 所用设备

(1)PC 一台。

(2)综合实践实验电路板一块。

(3)电路焊接组装工具箱一个。

(4)实验用到的各种相关元器件。

3. 实验要求

(1)扩展一块 16×2 点阵式液晶显示器,连接 4 个独立式按键及 1 个蜂鸣器,连接数字温度传感器 DS18B20。

(2)通过控制系统,实现以下功能。

① 液晶显示器在第一行显示设定的正常温度范围:18～40℃。

② 采用数字温度传感器 DS18B20 检测温度,并把检测的结果显示在液晶显示器的第二行上。

③ 当实测温度低于下限值和高于上限值时,蜂鸣器报警,液晶屏的实测温度数值闪烁。

④ 按键用于修改设定温度的上下限值,当新的设定值确认后,系统按照新值工作。

4. 实验过程

(1)仔细阅读实践要求,并依照要求进行电路设计。

(2)按照所设计电路图进行电路板制作,并对电路板进行焊接。

(3)检查并测试电路焊接是否正确。

(4)编写程序,按照实践要求对系统进行调试。

5. 实验报告

(1)写出设计任务要求及系统基本功能。

(2)设计系统总体方案和相应的软硬件方案,并对关键功能模块的设计做出分析;画出硬件电路原理图及程序流程图。

(3)记录程序执行结果及调试过程,侧重分析出现的问题及解决的方法。

(4)设计总结。

(5)附录中列出参考文献;附程序清单,并加以注释。

6. 注意事项

(1)认真分析原理图,谨慎接线。

(2)不能带电插拔芯片、仿真线、通信线等。

(3)系统带电的情况下,不能测量电阻,禁止触摸电阻、电容及芯片等引脚。

7. 系统参考电路

数字温度传感器测温显示系统电路图如图 6-4 所示。

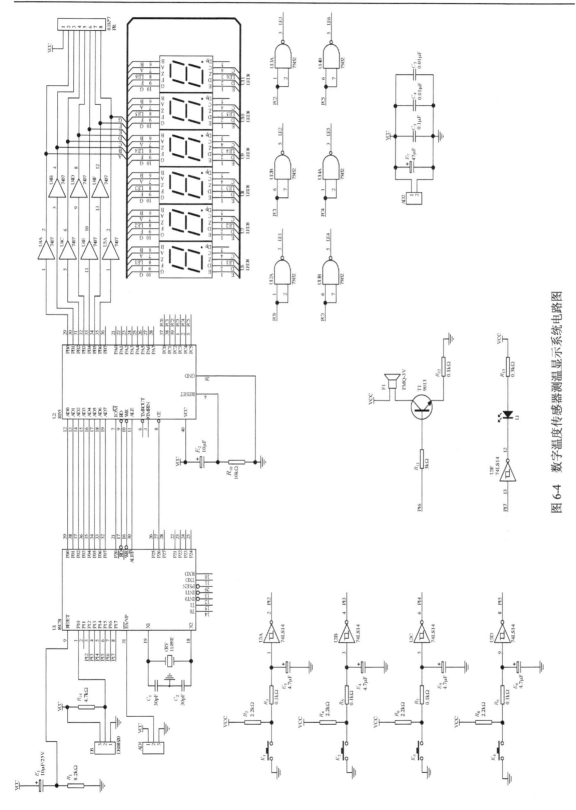

图 6-4 数字温度传感器测温显示系统电路图

6.6 采用实时时钟芯片打铃系统

1. 实验目的

(1)掌握硬件实时时钟芯片 DS12887 的工作原理及应用方法。

(2)综合应用按键、数码管显示器、蜂鸣器设计学校打铃模拟控制系统。

(3)通过本实践培养学生电路设计、焊接、调试与动手操作的能力。

2. 所用设备

(1)PC 一台。

(2)综合实践实验电路板一块。

(3)电路焊接组装工具箱一个。

(4)实验用到的各种相关元器件。

3. 实验要求

(1)扩展 6 位共阴极数码管显示器，连接 4 个独立式按键及 1 个蜂鸣器，连接实时钟芯片 DS12887。

(2)通过控制系统，实现以下功能。

① 在数码管显示器上轮流显示日历、时钟，按照预先设定的时间自动控制蜂鸣器鸣叫和停止来模拟定时打铃。

② 通过按键可以对系统日历和时钟时间进行调整。

③ 通过按键可以对预定的打铃定时时间进行调整。

4. 实验过程

(1)仔细阅读实践要求，并依照要求进行电路设计。

(2)按照所设计电路图进行电路板制作，并对电路板进行焊接。

(3)检查并测试电路焊接是否正确。

(4)编写程序，按照实践要求对系统进行调试。

5. 实验报告

(1)写出设计任务要求及系统基本功能。

(2)设计系统总体方案和相应的软硬件方案，并对关键功能模块的设计做出分析；画出硬件电路原理图及程序流程图。

(3)记录程序执行结果及调试过程，侧重分析出现的问题及解决的方法。

(4)设计总结。

(5)附录中列出参考文献；附程序清单，并加以注释。

6. 注意事项

(1)认真分析原理图，谨慎接线。

(2)不能带电插拔芯片、仿真线、通信线等。

(3)系统带电的情况下，不能测量电阻，禁止触摸电阻、电容及芯片等引脚。

7. 系统参考电路

采用实时时钟芯片的学校打铃系统电路图如图 6-5 所示。

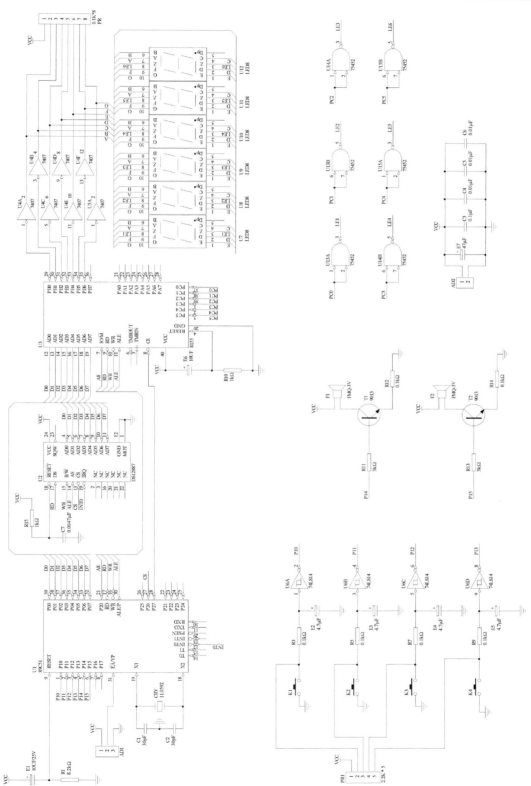

图 6-5 采用实时时钟芯片 DS12887 的打铃系统电路图

参 考 文 献

顾树生，王建辉. 2001. 自动控制原理. 3 版. 北京：冶金工业出版社.

蒋大明，戴胜华. 2003. 自动控制原理. 北京：清华大学出版社，北方交通大学出版社.

刘午平，陈鹏飞. 2011. 看无线电电路图. 北京：国防工业出版社.

钱国飞. 1992. 集成运算放大器基本原理及应用. 上海：科学技术文献出版社.

卿太全. 2011. 集成运算放大器应用电路集萃. 北京：中国电力出版社.

孙余凯，吴鸣山，项绮明. 2008. 集成运算放大器实用电路识图. 北京：电子工业出版社.

魏克新，王云亮，陈志敏. 1997. MATLAB 语言与自动控制系统设计. 北京：机械工业出版社.

吴晓燕，张双选. 2006. MATLAB 在自动控制中的应用. 西安：西安电子科技大学出版社.

熊晓航，曾红，田万禄. 2011. 机械基础实验教学体系建立以及教学方法的研究与实践. 辽宁工业大学学报：
 社会科学版，13(1)：123-125.

薛定宇. 1996. 控制系统计算机辅助设计. 北京：清华大学出版社.

杨叔子，杨克冲. 1993. 机械工程控制基础. 4 版. 武汉：华中科技大学出版社.

赵嘉蔚，张家栋，霍凯，等. 2010. 单片机原理与接口技术. 北京：清华大学出版社.

Mokhtari M. 2002. MATLAB 与 SIMULINK 工程应用. 赵彦玲，吴淑红，译. 北京：电子工业出版社.

附 录

附录1 MCS-51 系列单片机指令表

助记符		指令功能	字节数	机器周期
算术运算指令				
ADD	A,Rn	A←A+ Rn	1	12
ADD	A,direct	A←A+(direct)	2	12
ADD	A,@Ri	A←A+(Ri)	1	12
ADD	A,#data	A←A+data	2	12
ADDC	A,Rn	A←A+Rn+Cy	1	12
ADDC	A,direct	A←A+(direct) +Cy	2	12
ADDC	A,@Ri	A←A+(Ri) +Cy	1	12
ADDC	A,#data	A←A+data +Cy	2	12
SUBB	A,Rn	A←A−Rn−Cy	1	12
SUBB	A,direct	A←A−(direct)−Cy	2	12
SUBB	A,@Ri	A←A−(Ri)−Cy	1	12
SUBB	A,#data	A←A−data−Cy	2	12
INC	A	A←A+1	1	12
INC	Rn	Rn←Rn+1	1	12
INC	direct	direct←(direct) +1	2	12
INC	@Ri	(Ri)←(Ri) +1	1	12
DEC	A	A←A−1	1	12
DEC	Rn	Rn←Rn−1	1	12
DEC	direct	direct←(direct) −1	2	12
DEC	@Ri	(Ri)←(Ri) −1	1	12
INC	DPTR	DPTR←DPTR+1	1	24
MUL	AB	BA←A×B	1	48
DIV	AB	A÷B=A⋯B	1	48
DA	A	对 A 进行 BCD 调整	1	12
逻辑运算和移位指令				
ANL	A,Rn	A←A∧Rn	1	12
ANL	A,direct	A←A∧(direct)	2	12
ANL	A,@Ri	A←A∧(Ri)	1	12
ANL	A,#data	A←A∧data	2	12
ANL	direct,A	direct←(direct) ∧A	2	12
ANL	direct,#data	direct←(direct) ∧data	3	24
ORL	A,Rn	A←A∨Rn	1	12
ORL	A,direct	A←A∨(direct)	2	12
ORL	A,@Ri	A←A∨(Ri)	1	12
ORL	A,#data	A←A∨data	2	12

助记符		指令功能	字节数	机器周期
ORL	direct,A	direct←(direct)∨A	2	12
ORL	direct,#data	direct←(direct)∨data	3	24
XRL	A,Rn	A←A⊕Rn	1	12
XRL	A,direct	A←A⊕(direct)	2	12
XRL	A,@Ri	A←A⊕(Ri)	1	12
XRL	A,#data	A←A⊕data	2	12
XRL	direct,A	direct←(direct)⊕A	2	12
XRL	direct,#data	direct←(direct)⊕data	3	24
CPL	A	A←Ā	1	12
RL	A	A7 ← A0	1	12
RLC	A	Cy A7 ← A0	1	12
RR	A	A7 A0	1	12
RRC	A	Cy A7 ← A0	1	12
SWAP	A	A7-A4 A3-A0	1	12
数据传送指令				
MOV	A,Rn	A←Rn	1	12
MOV	A,direct	A←(direct)	2	12
MOV	A,@Ri	A←(Ri)	1	12
MOV	A,#data	A←data	2	12
MOV	Rn,A	Rn←A	1	12
MOV	Rn,direct	Rn←(direct)	2	24
MOV	Rn,#data	Rn←data	2	12
MOV	direct,A	direct←A	2	12
MOV	direct,Rn	direct←Rn	2	24
MOV	direct1,direct2	direct1←direct2	3	24
MOV	direct,@Ri	direct←(Ri)	2	24
MOV	direct,#data	direct←data	3	24
MOV	@Ri,A	Ri←A	1	12
MOV	@Ri,direct	Ri←(direct)	2	24
MOV	@Ri,#data	Ri←data	2	12
MOV	DPTR,#data16	DPTR←data16	3	24
MOVC	A,@A+DPTR	A←(A+DPTR)	1	24
MOVC	A,@A+PC	A←(A+PC)	1	24
MOVX	A,@Ri	A←(Ri)	1	24
MOVX	A,@DPTR	A←(DPTR)	1	24
MOVX	@Ri,A	(Ri)←A	1	24

助记符		指令功能	字节数	机器周期
MOVX	@DPTR,A	(DPTR) ← A	1	24
PUSH	direct	SP←SP+1, (SP) ←(direct)	2	24
POP	direct	(direct) ←(SP),SP←SP−1	2	24
XCH	A,Rn	A⇆Rn	1	12
XCH	A,direct	A⇆ (direct)	2	12
XCH	A,@Ri	A⇆ (Ri)	1	12
XCHD	A,@Ri	A3～A0 (Ri) 3～ (Ri) 0	1	12
位操作指令				
CLR	C	Cy ←0	1	12
CLR	bit	bit ←0	2	12
SETB	C	Cy ←1	1	12
SETB	bit	bit ←1	2	12
CPL	C	Cy ← $(\overline{Cy})$	1	12
CPL	bit	bit ←bit	2	12
ANL	C,bit	Cy ← Cy ∧ bit	2	24
ANL	C,/bit	Cy ← Cy ∧ bit	2	24
ORL	C,bit	Cy ← Cy ∨ bit	2	24
ORL	C,/bit	Cy ← Cy ∨ bit	2	24
MOV	C,bit	Cy ← bit	2	12
MOV	bit,C	bit ← Cy	2	24
JC	rel	若 Cy=1，则 PC←PC+2+rel 若 Cy=0，则 PC←PC+2	2	24
JNC	rel	若 Cy=0，则 PC←PC+2+rel 若 Cy=1，则 PC←PC+2	2	24
JB	bit,rel	若(bit)=1，则 PC←PC+3+rel 若(bit)=0，则 PC←PC+3	3	24
JNB	bit,rel	若(bit)=0，则 PC←PC+3+rel 若(bit)=1，则 PC←PC+3	3	24
JBC	bit,rel	若(bit)=1，则 PC←PC+3+rel，且 bit ←0 若(bit)=0，则 PC←PC+3	3	24
控制转移指令				
ACALL	addr11	PC←PC+2 SP←SP+1,(SP) ←PCL SP←SP+1,(SP) ←PCH PC10～PC00 ← addr11	2	24
LCALL	addr16	PC←PC+3 SP←SP+1,(SP) ←PCL SP←SP+1,(SP) ←PCH PC15～PC00 ← addr16	3	24
RET		PCH←(SP), SP←SP−1 PCL←(SP), SP←SP−1	1	24
RETI		PCH←(SP), SP←SP−1 PCL←(SP), SP←SP−1	1	24
AJMP	addr11	PC10～PC00 ← addr11	2	24
LJMP	addr16	PC ← addr16	3	24

续表

助记符		指令功能	字节数	机器周期
SJMP	rel	PC ← PC+2+rel	2	24
JMP	@A+DPTR	PC ← （A+DPTR）	1	24
JZ	rel	若 A=0，则 PC←PC+2+rel 若 A≠0，则 PC←PC+2	2	24
JNZ	rel	若 A≠0，则 PC←PC+2+rel 若 A=0，则 PC←PC+2	2	24
CJNE	A,direct,rel	若 A≠（direct），则 PC←PC+3+rel 若 A=（direct），则 PC←PC+3 若 A ≥ （direct），则 Cy←0；否则 Cy←1	3	24
CJNE	A,#data,rel	若 A≠data，则 PC←PC+3+rel 若 A= data，则 PC←PC+3 若 A ≥ data，则 Cy←0；否则 Cy←1	3	24
CJNE	Rn,#data,rel	若 Rn≠data，则 PC←PC+3+rel 若 Rn= data，则 PC←PC+3 若 Rn ≥ data，则 Cy←0；否则 Cy←1	3	24
CJNE	@Ri,#data,rel	若 Ri≠data，则 PC←PC+3+rel 若 Ri= data，则 PC←PC+3 若 Ri ≥ data，则 Cy←0；否则 Cy←1	3	24
DJNZ	Rn,rel	若 Rn−1≠0，则 PC←PC+2+rel 若 Rn−1= 0，则 PC←PC+2	2	24
DJNZ	direct,rel	若 （direct）−1≠0，则 PC←PC+3+rel 若 （direct）−1= 0，则 PC←PC+3	3	24
NOP		PC←PC+1	1	12

附录 2　ASCII 字符表

低位＼高位		1 000	2 001	3 010	4 011	5 100	6 101	7 110	8 111
0	0000	NUL	DLE	SP	0	@	P	`	p
1	0001	SOH	DC1	!	1	A	Q	a	q
2	0010	STX	DC2	"	2	B	R	b	r
3	0011	ETX	DC3	#	3	C	S	c	s
4	0100	EOT	DC4	$	4	D	T	d	t
5	0101	ENQ	NAK	%	5	E	U	e	u
6	0110	ACK	SYN	&	6	F	V	f	v
7	0111	BEL	ETB	'	7	G	W	g	w
8	1000	BS	CAN	(	8	H	X	h	x
9	1001	HT	EM	)	9	I	Y	i	y
A	1010	LF	SUB	*	:	J	Z	j	z
B	1011	VT	ESC	+	;	K	[	k	{
C	1100	FF	FS	,	<	L	\	l	|
D	1101	CR	GS	−	=	M	]	m	}
E	1110	SO	RS	.	>	N	^	n	~
F	1111	SI	US	/	?	O	_	o	DEL

字符表中的符号说明

NUL	Null Char	DLE	Data Line Escape
SOH	Start of Heading	DC1	Device Control 1（oft. X-on）
STX	Start of Text	DC2	Device Control 2
ETX	End of Text	DC3	Device Control 3（oft. X-off）
EOT	End of Transmission	DC4	Device Control 4
ENQ	Enquiry	NAK	Negative Acknowledgement
ACK	Acknowledgment	SYN	Synchronous Idle
BEL	Bell	ETB	End of Transmit Block
BS	Back Space	CAN	Cancel
HT	Horizontal Tab	EM	End of Medium
LF	Line Feed	SUB	Substitute
VT	Vertical Tab	ESC	Escape
FF	Form Feed	FS	File Separator
CR	Carriage Return	GS	Group Separator
SO	Shift out / X-on	RS	Record Separator
SI	Shift in / X-off	US	Unit Separator
SP	Space	DEL	Delete

附录3　封装缩写

CDIP——Ceramic Dual In-line Package

CLCC——Ceramic Leaded Chip Carrier

CQFP——Ceramic Quad Flat Pack

DIP——Dual In-line Package

LQFP——Low-Profile Quad Flat Pack

MAPBGA——Mold Array Process Ball Grid Array

PBGA——Plastic Ball Grid Array

PLCC——Plastic Leaded Chip Carrier

PQFP——Plastic Quad Flat Pack

QFP——Quad Flat Pack

SDIP——Shrink Dual In-line Package

SOIC——Small Outline Integrated Package

SSOP——Shrink Small Outline Package

附录4　名词缩写

CPU：Central Processing Unit，中央处理单元(中央处理器)。

RAM：Random Access Memory，随机存取存储器。

DRAM：Dynamic Random Access Memory，动态随机存取存储器。

SRAM：Static Random Access Memory，静态存储器。

SDRAM：Synchronous Dynamic Random Access Memory，同步动态随机存储器，又称同步 DRAM，为新一代动态存储器。它可以与 CPU 总线使用同一个时钟，因此，SDRAM 存储器较 EDO 存储器能使计算机的性能大大提高。

Cache：英文含义为"（勘探人员等储藏粮食、器材等的）地窖、藏物处"。计算机中为高速缓冲存储器，是位于 CPU 和主存储器 DRAM 之间，规模较小，但速度很高的存储器，通常由 SRAM 组成。

ROM：Read-Only Memory，只读存储器。

EPROM：Erasure Programmable Read-Only Memory，可擦可编程只读存储器，电可编程只读存储器。

EEPROM：Electrically Erasable Programmable Read-Only Memory，电可擦除只读存储器。

Flash Memory，闪存。

word，字；bit，位；serial，串；parallel，并。

KB：Kilo Byte，表示千字节。K=Kilo，构词成分，表示千。B=Byte，意为字节，是最小存贮单位。

MB：Mega Byte，表示兆字节。M=Mega，构词成分，表示兆、百万。

GB：Giga Byte，表示千兆字节。G=Giga，构词成分，表示千兆、十亿。

DMA：Direct Memory Access，存储器直接访问。

DSP：Digital Signal Processing，数字信号处理。

AC：Alternating Current，交流电。

DC：Direct current，直流电。

CMOS：Complementary Metal Oxide Semiconductor，互补金属氧化物半导体（指互补金属氧化物半导体存储器）。

PCI：Peripheral Component Interconnection，局部总线（总线是计算机用于把信息从一个设备传送到另一个设备的高速通道）。PCI 是目前较为先进的一种总线结构，其功能与其他总线相比有很大的提高，可支持突发读写操作，最高传输率可达 132Mbit/s，是数据传输最快的总线之一，可同时支持多组外围设备。

UPS：Uninterruptible Power Supply，不间断电源。

Modem：调制解调器，家用计算机上 Internet（国际互联网）的必备工具，在一般英汉字典中是查不到 Modem 这个词的，它是调制器（Modulator）与解调器（Demodulator）的缩写形式。

FAT：File Allocation Table，文件分配表，它的作用是记录硬盘中有关文件如何被分散存储在不同扇区的信息。

IC：Intelligent Card，智能卡。

DLL：Dynamic Link Library，动态链接库。

SCSI：Small Computer System Interface，小型计算机系统接口，它是为解决众多的外部设备与计算机之间的连接问题而出现的。

OEM：Original Equipment Manufacturer，原始设备制造商。

PNP：Plug and Play，即插即用。